商务印书馆(成都)有限责任公司出品

人格解码

〔美〕塞缪尔·巴伦德斯 著
陶红梅 译
许 燕 校

商务印书馆
2013年·北京

Samuel Barondes

Making Sense of People

Decoding the Mysteries of Personality

ISBN 0-13-217260-7

Copyright © 2012 by Samuel Barondes

All Rights reserved. No part of this publication may be reproduced or transmitted in any form or by any means, electronic or mechanical, including without limitation photocopying, recording, taping, or any database, information or retrieval system, without the prior written permission of the publisher.

This authorized Chinese translation edition is jointly published by Pearson Education and The Commercial Press. This edition is authorized for sale in the People's Republic of China only, excluding Hong Kong, Macao SAR and Taiwan.

Copyright © 2013 by Pearson Eduration and The Commercial Press.

中文简体字本由培生公司授权出版

专家推荐及评论

这本开创性的书之于我们的精神生活,就如同元素周期表之于化学,它将我们的心理分成一些相互作用的基础成分,从而将人格心理学科学化。它不仅是洞察人类本性的资源宝库,还可以丰富你的人际关系。这就是巴伦德斯的杰作!

——V. S. 拉马钱德朗
圣地亚哥加利福尼亚大学脑与认知中心主任
《脑中的幽灵》和《讲述大脑的故事》作者

我们是一个神奇的社会物种,总是在不断地评估每个人的人格。从这个方面来讲,受人尊敬的生物精神病专家塞缪尔·巴伦德斯在这本有趣的书中给出了获得这一重要技能的方法。这本书清晰、有趣,具有启发性,它不仅会使你成为更具有适应性的社会性动物,也会促使你进行自我反思。

——罗伯特·萨波尔斯基
斯坦福大学生物学教授
《灵长类实录》和《为什么斑马不得胃溃疡》作者

我们每天都在判断人、琢磨人,但通常是在无意识中做出的。塞缪尔·巴伦德斯收集了大量有关人格的研究文献,浓缩、提炼,用之于生活。我想精神病专家和外行人都会从中受益。

——史蒂文·海曼
哈佛大学神经生物学院教授、教务长
美国国家心理卫生研究所前任董事

译者序

拿到此书，随手一翻，我立刻就被它吸引住了。能将人格心理学对人性的解读功能，如此运用自如地展现给读者，足见作者深厚的学术功底和高超的写作技巧。我将书名确定为《人格解码》，也是力求突出作者的这一用心所在。

人格心理学是一个以复杂而著称的理论系统，弗洛伊德、荣格、阿德勒、霍妮、埃里克森、沙利文、华生、斯金纳、班杜拉、罗杰斯、马斯洛、奥尔波特、卡特尔、艾森克、凯利等等心理学大师级人物，都将自己的理论思想贡献给了人格心理学。因为他们清楚，人格心理学是最能体现心理学研究人的特征的一个分支领域。心理学理论学家们从人性哲学、人格结构、人格发展、人格动力、人格成因、人格改变、人格测评等七大主题入手来建构了人格心理学，博大精深、气势宏伟。每个人格心理学家的理论观点的提出，都是建立在他们的科学研究以及对人生的体验和对社会的思索之上，因此，了解他们的理论观点，可以启迪人们对

译者序
Preface

人生的思考并指导人生。但是，阅读理论需要配有深刻的思考，肤浅的浏览只能是浪费时间。然而，现代人的快速生活节奏，似乎使他们无暇静心品味理论了。《人格解码》的独到之处在于，它不仅能使人们在繁忙的工作之余，以轻松的阅读，收获到对生活和人生发展有帮助的应用型知识，而且的确能启发对人性的深入思考。

作者正是依据现代人的阅读方式与目的，组织了这本书的内容。选择从应用的角度来阐述人格的生活功用，其中最重要的就是解读人的功能。人格具有描述和解释人心理差异的作用，作者直接启动人格心理学的这一核心功能，让读者依据少量的信息，就能解读人内心的密码，并且感受人格心理学的精华所在。

感谢我几年前毕业的学生陶红梅翻译了此书，感谢准备入门的我的新学生吕修芝协助我完成后期工作，也感谢作者给了中国读者这一好的人格读本。我们共同完成了让更多中国读者了解人格心理学的工作。最后，也希望读者们喜欢人格心理学，应用人格心理学于工作生活中。

许 燕

于美国纽约

2012 年 7 月 9 日

For Louann

And for my grandchildren:

Jonah Lazar

Ellen Ariel

Asher Lucca

目 录

导 言 / 13

第一部分　描述人格差异

1　人格特质 / 21

当我们用"大五"人格来分析奥巴马和克林顿时，你会发现他们有哪些不同呢？你如何判断奥巴马和克林顿在外向性、自信心和活力等方面的不同？

2　有问题的人格类型 / 49

玛丽莲·梦露曾自述小时候有过想在教堂脱光自己衣服的冲动："我非常想赤裸着身体站在神和其他人面前让他们看到我，我只得咬紧牙关，抑制住我的冲动，这样才不致于去脱光衣服。"你知道在她身上到底发生了什么吗？

第二部分　解释人格差异

3　基因如何使我们各不相同 / 85

人类心理上的差异反映了各种自然选择力量之间的冲突，进化是令人敬畏的，"如此看待生命，生命是壮观的……从如此简单的形势开始，不断进化成或正在进化

目录
Contents

成绝无仅有的最美丽和最精彩的生命。"

4 发展个性化的大脑 / 113

每一个大脑，就如同每张脸，都有它自身特有的构建计划。在每个人的大脑中都有其独特人格和根深蒂固的成分，它们继续指引着我们的余生。

第三部分　整个人，整个生命

5 什么是好品格 / 145

我们对人的认识不全都是客观的，当我们第一次遇到他人时，我们不会只注意到他们的"大五"人格特质，而同时会对他们的品格形成一种本能的印象。你知道有哪些好品格吗？

6 同一性：编织个人故事 / 173

我们每个人都会编织自己的故事，随着同一性的形成，一些重要的记忆就无意识地被修改，以便于我们的内在自我形象保持一致。美国著名的节目主持人奥普拉的故事，是一个天赋战胜贫穷、虐待、种族歧视和青少年期所犯错误的一个典型例子，是雄心壮志带来成功机会的故事……而乔布斯的故事告诉我们他"求知若渴，虚心若愚"。

7 一幅整合的画面 / 195

特质、才能、价值观、环境和运气构成了我们的故事，我们可以在每个人的人格全景中看到每个组成部分的重要作用。为了整合这幅画面，我们要：记住我们共同的人性和人格发展的共同方式，形成一个"大五"人格轮廓，寻找潜在的问题类型，进行道德评价，聆听一个人的故事。

就某些方面而言，每个人，

（1）和所有人都一样，

（2）和一些人一样，

（3）和任何人都不一样。

——克莱德·克拉克霍恩和亨利·莫瑞

导　言
当直觉不够用时

我们所有的人都是人格专家。从孩提时代起，我们就一直关注人的独特性，希望能从中了解些什么。我们依靠这些信息去和他人交往。

对这种与生俱来的观察人的本领我们已经习以为常了，但它却是一种很神奇的天赋。有了这个本领，我们对所遇到的每个人的性格就能马上形成印象。这个直觉式的过程发生得非常迅速，也很管用，所以我们学会了依靠它。我们对人做评价时，常常都是以这样一种自动且无意识的方式进行的[1]。

但有时候我们也要有意识地对某个人的人格进行评价[2]。比如，我们或许想要知道我们的老板怎么了，为什么我们都回避她。我

导言
Introduction

们或许想要整理出一套理由,解释我们为何不能接受女儿的男朋友。我们或许想要决定,是否可以与我们正在约会的对象建立长久的关系。

这时候事情就不那么简单了。之所以遇到困难,主要是因为我们几乎都没有受过什么训练,不知道如何系统地去评估人格。我们周围通常充斥着一些宗教、道德、文化和心理的观点,它们相互矛盾且很难在实际中加以应用。可以想象,如果我们在数学运算上总是得到相互矛盾的指导,那么就算我们在做简单的数学题时也会觉得困难。同样,在我们在还没有学会用一套系统方法评估人格时,就希望能够很好地了解人,这当然是不可能的。

这方面知识的缺失会导致我们犯一些重大的错误。我们可能会选错伴侣,从事错误的工作,以及错误地教育孩子。我们误解同事的初衷,因而错误地去防御、依从或攻击。我们还可能无法与人建立满意的关系,无法有效避免冲突,不能有计划地通过回击保护自己的利益。

在本书中,我将描述一个用来思考人格的系统,它将有助于你避免犯这些错误。基于几十年的研究,我所写的每一章内容,都将有助于把你所收集到的有关某个人的人格数据组织在一起,并

导言
Introduction

去关注你或许会疏忽的一些特点。对这些信息进行一番梳理，将使你对每个人都有一个更为清晰的认识，并且使你知道如何与他们相处。

首先，我将告诉你如何把两张词汇表结合在一起，专家用这两张词汇表来总结他们的发现和研究成果。其中一张将人格分成了五种有明确定义的一般特质，如责任心和宜人性，每个特质都包含一些要素和成分。采用这样一套明确的词汇去思考事情就会容易些。

另一张词汇表不关注这些一般的特质，它关注的是诸如强迫或妄想这些可能出现的十类问题行为。如果一个人只是轻微表现出这些行为，依然属于健康人格。但我们中有些人却会表现出一到几种此类适应不良的行为，这些行为经常会给我们所交往的人，甚至也会给我们自己带来悲伤。这样的人成了人格的囚犯，和正常人不同，他们陷在某种无法逃脱的境况里了。

将这两张易学的词汇表组合在一起，有助于你更好地评价你所遇到的每个人，但同时也提出了一个问题，即人们为何如此不同。在本书的第二部分，我会描述大脑回路的形成。大脑回路决定了我们的特质和类型。同时我也会说明，大脑回路在几十年的形成

导 言
Introduction

过程中受到了两大重要事件的影响,那就是我们出生时的独特基因和我们所生活的独特世界。

但就人格而言,除了特质和类型之外,还有很多方面。在本书的第三部分,我会转而讨论给人们的生活带来意义的价值观和目标。在充分论述这一观点时,我将告诉你如何将普遍的道德标准和具体文化下的道德标准用在对人的评价上。我还将鼓励你注意人们所讲述的有关自己的故事,这些故事将有助于你明白他们的立场,以及他们对自己的同一性的认识。

将有关特质、类型、品格和同一性等信息系统地组织起来有助于我们去认识每个人。而且,它还会对我们与他人交往的方式产生影响。有时,它会鼓励你付出宽恕和同情,不必在意他人那些不好的特质。有时,它又会给你一些危险的预警,这样你就可以采取保护性行为。还有些时候,它或许会让你敞开心扉,拥抱爱和尊重。但无论何种情况,它都会提升你对人类多样性的欣赏,就如同那些对酒、音乐或棒球了解很多的人因为更关注于细节而获得额外的愉悦一样。所以本书最主要的目的就在于,增加你了解他人和与他人交往的乐趣,不管这个人是你所喜欢的还是不喜欢的。

注 释

1. Bargh and Chartrand (1999), and Bargh and Williams (2006) 总结了一些证据，证明我们的许多社会交往都是在无意识中进行的。Gigerener (2007) and Gigernezer and Goldstein (1996) 强调了无意识和本能主导的行为所具备的益处。Gladwell(2005)称此种行为为"一眨眼"或"没有进行思考的思考"。

2. Wilson (2002) 对我们在观察人时所用到的有意识和无意识的心理过程进行了清晰的对比。他将无意识过程看成快速的类型检测器，它在速度上有优势，但相较慢一些的有意识过程却更容易犯错，因为后者能对即刻的印象进行再思考。无意识过程关注即刻的评价，是自动的、无计划的、不花费力气的，而有意识过程则需要更多时间，是有控制的、有计划的、需要付出努力的，且最终非常有用。Epstein 等人（1996）描述了直觉思维风格和分析性思维风格的个体差异，Frith and Frith (2008) 对社会认知中存在的内隐过程（无意识的）和外显过程（有意识的）的差异进行了检验。

第一部分

描述人格差异

名正则言顺。
——中国谚语

1

人格特质

我读高中时曾为学生报撰稿。为了引导我入门，编辑告诉我写故事的一些标准。他说我要确定地回答五个问题：发生了什么事？涉及哪些人？什么时候？在哪里？为什么？通过这五个问题，可以检查故事是否写完整了，新手有时会落下其中一项或几项。之后他就向我保证，我很快就不需要他们的帮助了，因为回答这些问题其实是我天生就会的。

记者们在了解别人时同样也要依靠直觉。经过多年的历练，记者们掌握了一些窍门，他们能够辨识出独特的人格特质，并且能用合适的词描述。那些富有天资的人对此非常擅长，以至于他

22
描述人格差异
Describing Personality Differences

们仅用一个段落就能栩栩如生地刻画出人物。比如说,乔·克莱恩对美国一位政治家做了如下描述:

> 他的公众形象里带有一种身体层面的东西,几乎和肉欲有关。他热爱他的听众,反过来听众也使他兴奋。在兜售政治的场合里,他声调高亢激昂。他似乎能感觉得到听众想听什么,然后投其所好——在某些场合他这么说,在另外的场合他又有不同的论调,总之是要取悦不同的对象。这同样也是他在进行私人会面时最为有效但也让人抓狂的特点之一:他总是抓住一些共同点,引导人们抛开大的意见分歧——这就使得他的追随者们强烈地以为他们在任何事情上都和谐一致。……他非常需要众人的仰慕,明显具有高胆固醇的特点;公众似乎也被他丰富多样而复杂凌乱的人性所吸引。尽管他竭尽全力想要保持身材,每天慢跑几英里,直到大腿发软,但他依然肉乎乎的。他吃垃圾食品是出了名的上瘾。人称他为好色之徒。所有这些又都浑然一体。[1]

注意到了吗,克莱恩只需要一些富有感染力的词就能刻画人物的重要特征:肉欲的、需要众人仰慕、复杂凌乱、让人抓狂、肉乎乎的、上瘾和好色之徒。在描述中,他也使用了一些短语,如"他声调高亢激昂","高胆固醇的特点"以及"想要取悦听众"。当他找不到简单的词或短语来描述他认为特别传神的特点时,他就用句子:"他总是抓住一些共同点,引导人们抛开大的意见分歧——这就使得他的追随者们强烈地以为他们在任何事情上都和谐一致。"通过运用大家都能理解的词汇和短语,克莱恩告诉了我们很多关于美国前总统比尔·克林顿这个特别的公众人物的人格特点。

当然,词汇和短语的组合很关键。也有一些其他人很需要他人的仰慕,但他们没有表现出肉欲,也不好色。有些人或许说话高亢激昂,但并不凌乱,也不让人抓狂。是什么使得克莱恩的描述如此让人印象深刻呢?正如他自己所说的那样,所有这些特质又都"浑然一体"。

克莱恩是如何做的呢?他有凭直觉问自己一系列他很清楚的五大问题吗?他有没有遗忘什么重要问题?我们从中是否可以学到一些技巧,以便更准确完整地描述他人?

描述人格差异
Describing Personality Differences

词典里的词汇

用简单方法对人格进行描述，这一探索是由哈佛大学心理学教授高登·奥尔波特在20世纪30年代发起的。尽管奥尔波特非常清楚每个个体的独特性，但他也清楚，科学研究始于将复杂的系统分解成简单的组成部分。正如我们通过确定一些有限的元素来了解众多化学物质一样，我们或许也可以通过确定一些有限的重要成分来理解各种各样的人格。但这些组成成分都是些什么呢？

奥尔波特的回答是"特质"（traits），即以某种持久的人格品质行动、思考和感受，这些品质在人类所有的语言中都能找到相应的描述词。正如化学元素氮与氢能和其他很多化学元素相结合，形成不计其数的复杂物质一样，诸如"外向"和"诚实"这样的特质也可以和其他很多特质相结合，从而形成不计其数的复杂人格。但到底有多少种特质呢？奥尔波特又如何找出这些特质？

为了解决这个问题，奥尔波特和他的同事H. S.奥德伯特从《韦氏新版国际词典》中列出了有关人格的词汇[2]。他们希望能够通过分析这张词汇表，找出人格的核心组成成分，我们的祖先对这些

人格特质
Personality Traits

核心的人格成分非常清楚，并发明了很多词来描述它们。奥尔波特和奥德伯特没有仅根据自己的想法来发明一张人格特质的清单，而是参考了记录在词典中彰显一代又一代人智慧的词汇[3]。

这些研究者很快就发现自己犯了"贪多嚼不烂"的错，因为可以"将一个人的行为区别于其他人"的词汇竟有17 953条！面对这么多词汇，他们只能根据一些标准进行筛选。首先，他们剔除了其中的三分之一，如attractive（有魅力的），因为这样的词是评价性的，而不具有本质性的意义："当我们说一个女人很有魅力时，我们不是在说其内在的品质，而是在说她对其他人的影响。"[4] 另外四分之一也被剔除掉了，因为它们描述的是大脑暂时的状态，而不是定义人格特质的持久品质，如frantic和rejoicing（狂喜）。还有一些词也被剔除了，因为它们的含义模棱两可。最后，约有4 500个单词符合研究者所谓的"稳定特质"这一标准。

这并不是说人格有4500个不同的组成部分，列表中的很多词汇很容易被确定为近义词。例如，outgoing（外向的）和sociable（好交际的）是可以通用的。而且，有很多是相应的反义词，如solitary（孤僻的），它也是对这一行为的描述，但其含义与前面两个词相反——一般我们不说"不爱社交"或"不外向"，我们说

"孤僻的"。事实上,自然语言的一个神奇特点就是,它本身可以从不同的等级(或维度)来对人格的特定组成部分进行描述,从极端外向到极端孤僻,其中又有某个程度的具体修饰词。简单地说,发明语言(所有语言)的祖先们给了我们很多选择去描述形形色色的人格。

认识到 outgoing(外向的)和 solitary(孤僻的)是同一特质的不同方面,那还会有多少其他类似这样的词呢?我在我的同义词词典里查 outgoing 时发现了这些词:gregarious、companionable、convivial、friendly 和 jovial。当我查 solitary 时,我得到的同义词是 retiring、isolated、lonely、private 和 friendless。于是我明白了专家们之所以将同一类别的词归在一起,是因为他们认为所有这些词都同属于一个所谓"外向-孤僻"(outgoing-solitary)的类别。毋庸置疑,组中的每个词或许都还有自己独特的含义。比如,solitary、lonely、private 这三个词的意思并非完全一样,像乔·克莱恩这样的作者或许就要仔细考虑选取合适的词。但不管怎样,我们都知道这些词有很多相似之处。对奥尔波特这样的心理学家而言,这些词都是指某一种特质。

人格特质
Personality Traits

超越同义词和反义词

这是否意味着我们可以简单地根据词典列个表,然后将同义词和反义词归类就能确定出人格的组成元素了?我们是根据专业词汇编撰者的分析建构人格术语呢,还是运用一种更为开放的方式,让普通人用词汇来对人进行描述呢?

心理学家所采用的方法是将两者结合。首先,专家们将这份表中的词汇减少至更为可控的数量——约有1 000个。然后他们要求普通人用这些词来对自己和他们所认识的人进行描述。为了弄明白如何进行这样的操作,请你用下面列表中的十个词汇来对你所熟悉的人进行评定。你可以用以下1-7的评分来表达你的看法,7代表的是这个人在某方面得分高,1代表的是这个人在某方面得分低,其他的数字表示这个人的得分位于两者之间。

1. 外向   1 2 3 4 5 6 7
2. 大胆   1 2 3 4 5 6 7
3. 善谈   1 2 3 4 5 6 7
4. 精力充沛   1 2 3 4 5 6 7
5. 自信果断   1 2 3 4 5 6 7

28

描述人格差异
Describing Personality Differences

6. 可靠　　　　1 2 3 4 5 6 7

7. 讲求实际　　1 2 3 4 5 6 7

8. 勤奋　　　　1 2 3 4 5 6 7

9. 有条理　　　1 2 3 4 5 6 7

10. 细心　　　　1 2 3 4 5 6 7

我不知道你会选什么数字,但很有可能这些数字之间有一些特定的关联:你所选的前五个数字会非常相似,你所选的后五个数字也会很类似。而且,我可以很确信地说,大部分人如果在外向上给某人某个分数,他同样也会在大胆、善谈、精力充沛、自信果断上给出类似的分数;在可靠上给某人某个分数,同样也会在讲求实际、勤奋、有条理、细心上给出相类似的分数。虽然这五个一组的单词都不是同义词,人们在评价他人时还是倾向于:在其中一组的某个词上给出什么评定,在其余的词上也给予相似的评定。不过,人们在前五个词上的得分和后五个词上的得分没有任何关系。这说明这两组非同义词的词汇在我们的头脑中是各被归为一类的,因为他们分别指向了某个相关特质的不同层面。

其他的词是否可以和外向或可靠放在一起以充实这两个大的类别?如果要求人们用缩减后的1 000多个词汇来做判断的话,还可以发现多少组类似这样的组合呢？确定这些类别需要用到什么样的统计方法呢？在制定这份词汇表的同时，奥尔波特开始研究这些问题[5]。

密切相关的特质

现代人格研究的奠基人弗朗西斯·高尔顿（以后你还会读到很多有关他的内容）在19世纪发明的统计方法可用来研究这些词汇的关系。该统计方法是用来计算相关系数的，相关系数是介于1.0和-1.0之间的一个数，测量的是相同（正相关）或相反（负相关）的程度。虽然高尔顿发明这项统计技术是出于别的考虑，但他恰巧也对我们用分类词汇来描述人格特质感兴趣[6]，如果知道自己的发明有这样的应用，他或许也会高兴的。

为了让你对这一计算有一定认识，我们可以想想，当我们要求人们在外向、随和、爱交际上对某人进行1~7的评分时，我们所发现的是正相关。既然我们知道这些词是同义词，我们就可以预测，如果约翰对玛丽在外向上的评定为6，那么他对她在其他那几个的评定也可能差不多为6。如果他对简在外向上的评定为4，他对她

描述人格差异
Describing Personality Differences

在其他那几个的评定也可能差不多为4。如果詹妮弗对吉米在外向上的评定为1，那么她或许在其他那几个上也会将他评定为1。把这些得分放到高尔顿的方程式中，结果会显示这些得分有很大的相似性。

那我们会在前五个非同义词之间（外向－大胆－善谈－精力充沛－自信果断）发现什么样的关联呢？研究表明，这些词的相关很高，但并不如同义词之间的相关高，而且在后五个词之间也发现了相似的正相关（可靠－讲求实际－勤奋－有条理－细心）。而当我们将第一组中某个方面（如外向）的得分与第二组中某个方面（如可靠）的得分进行比较时，我们没有发现任何关联。这一点都不奇怪，因为我们知道外向和可靠不存在任何内在相关。

确定五个词或十个词之间的相关性是相当容易的，但要确定一千个词之间的关联却是难事一桩，除非研究者能求助于电脑。为了得到原始数据，就要让成千上万个人对自我或他人在每个词上进行1-7分的评定。然后运用更为高级的统计手段，如因素分析，对这些数据进行分析，测量每个词和其他词的关联程度，并将相关的归为群组。这样就发现有些词和其他词具有很高的相关性，我们将其作为某个群的代表，心理学家称之为维度（domain）。

人格特质
Personality Traits

截至 20 世纪 80 年代早期，人们得出的研究结果是：描述人格的词汇最终可以归纳为五大维度（见表 1.1），即莱维斯·戈登伯格（Lewis Goldberg）所称的"大五"（Big Five）人格特质[7]。每个特质都有一个恰当的名字：外向性（extraversion，E）、宜人性（agreeableness，A）、责任心（conscientiousness，C）、神经质（neuroticism，N）、和开放性（openness，O）。如果你像我一样刚开始记不住这些名字，你可以用简称 OCEAN 或 CANOE 来帮助自己记忆，直到能将它们脱口而出。

表 1.1 "大五"人格：代表性词汇

	高 分	低 分
外向性 vs. 内向性	外向、大胆、善谈、精力充沛、自信	退缩、胆小、沉默、保守、害羞
宜人性 vs. 敌对性	热情、和气、有合作精神、信任、大方	冷淡、不和善、不合作、猜忌、吝啬
责任心 vs. 随意性	可靠、实际、勤奋、井井有条、细心	不可靠、不切实际、懒惰、缺乏条理、粗心大意
神经质 vs. 情绪稳定性	紧张、不稳定、不满足、易怒、不安	放松的、稳定的、满足的、镇静的、安全
开放性 vs. 封闭性	富有想象力的、充满好奇心的、爱思考的、有创造力的、世故老练的	缺乏想象力的、缺乏好奇心的、不善思考的、缺乏创造力的、不懂世故的

描述人格差异
Describing Personality Differences

"大五"人格的应用

"大五"人格被发现后,立即就成为评定人们与社会和物质世界互动时所表现的个体差异的基础。外向性、宜人性和神经质这三个维度主要与人和人互动的方式有关,另外两个维度——责任心和开放性,则更一般性一些[8]。

- **外向性是主动与他人交往的一种倾向。** 在外向性上得分高的人对社会交往感兴趣,喜欢成为众人关注的焦点,通常也会担负某种领导职责。而且他们也喜欢刺激,表现得积极向上、风趣、精力充沛,有积极的情感体验。在外向性上得分低的人对人际交往不太感兴趣,比较内向、安静。对与他人相处相对缺乏兴趣,这一点并不表明他们一定不喜欢别人,或是在社交上存在焦虑或抑郁,他们或许只是喜欢自己独处而已。

- **宜人性是一种利他、合作、善良的倾向。** 在宜人性上得分高的人体贴周到,富有同情心,愿意帮助他人,而且能和别人妥协以达成一致。他们发自内心地喜欢别人,并且认为每个人都是值得尊敬和信赖的。在宜人性上得分低的人则更为自我,缺乏利他性,更具竞争性,不太善于合作,而且比较容易怀疑他人。他们也表现为冷漠，与他人对立，不尊重他人的权益。

- **责任心**是控制冲动、坚定不移地追求目标的一种倾向。在责任心上得分高的人是守规矩的、可信赖的，他们努力工作、整洁、守时。他们喜欢提前计划，并且遇事善于通盘考虑。相比短期目标，他们对长远的目标更感兴趣。责任心上得分低的人则容易冲动，较少有束缚，责任意识弱，成就取向较低。虽然责任心主要是体现在任务表现上，但它也会影响到人际关系。

- **神经质**是一种具有负面情感的倾向，尤其是在应对知觉到的**社会威胁方面**。在神经质上得分高的人情绪不稳定，容易因很小的威胁或挫败而感到难过，而且通常处于一种不良的情绪中。他们容易焦虑、抑郁、尴尬，产生自我怀疑，忸怩不自然，生气或内疚。在神经质上得分低的人，其情绪是稳定的、平静的、镇定的、不易惊慌的。但是，他们远离负面情绪并不意味着他们就一定会有积极的情绪。

- **开放性**是具有想象力、喜欢新奇和变化的一种倾向。在开放性上得分高的人通常具有较高的艺术性，不太受条条框框束缚，聪慧，能体会到自己的情感，容易接受新思想。在开放

描述人格差异
Describing Personality Differences

性上得分低的人则更喜欢简单、直接、熟悉的事物,而不喜欢那些复杂、模糊、新奇或微妙的事物。他们表现得很传统、很保守,拒绝改变。虽然在开放性上得分高的人喜欢思考,但开放性并不等同于智力。高智商的人在开放性上有可能是高分,也有可能是低分。

当你对这五大维度的宽泛含义有了了解之后,你再将其运用到你所认识的人身上,这样你就会有更好的理解。你可以先问问自己,在外向、善良、值得信赖、情绪和创造性方面,某个人和其他人相比会有什么不同。在比较的时候,你会注意到,这个人的相对得分在某种程度上会随着情境的不同而有所不同[9]。例如,某个人或许面对朋友时是外向的,但面对陌生人时则是害羞的,所以你需要综合你所观察到的情况,给出一个平均分[10]。这样,你会得到有关此人基本倾向的一个大体情况,如具有中等程度的外向性,非常宜人和有责任心,有一点神经质,非常开放。尽管这样的描述只是你对某人的一个粗略评价,但"大五"人格框架有助于你将自己对他人直觉性的评价用语言描述出来。这样你就能更为清楚地看到他/她的不同,从而更为全面地将某人和他人进行比较[11]。

人格特质
Personality Traits

"大五"人格2.0版

虽然已经做了上面的评定,但你或许会发现你对"大五"人格的每个类别的认识还是有点模糊。为了让你能更好地对他人的人格情况做出评定,我们要开始从总体的印象转为更加精确的考察。为此,你需要更为细致地了解"大五"人格的细节。

保罗·考斯塔(Paul Costa)和罗伯特·麦克雷(Robert McCrae)在细化"大五"人格方面做了相当多的工作。20世纪80年代他们在美国国家健康中心工作,共同研发出了名为 NEO-PIR 的问卷,这份问卷不是用的形容词,而是短句[12]。用短句的好处在于你可以对短句进行设计,从而消除单个词汇所隐含的歧义。例如,为了替代不安的(insecure)这个词(这是神经质的组成部分),考斯塔和麦克雷使用了短语来说明其特定含义,如:"在与人交往时,我总是害怕犯错误",以及"我总是感到无助,希望别人能帮助我解决问题"[13]。

NEO-PIR 问卷之所以受欢迎,另一个原因在于它改进了对"大五"人格中每个维度的测量,它把每个维度都细分成了六个称之为层面(facet)的部分。这样就使得评价更为全面,而且有助于我

描述人格差异
Describing Personality Differences

们把注意力集中在具体的个体差异上。举个例子，下面这些短句测量的是外向性这一维度的几个层面：

- 我觉得对陌生人微笑、和他们相处是很容易的。（热心／友谊）
- 我喜欢和很多人在一起聚会。（爱交际）
- 我能占据主导，很强势，很自信。（自信）
- 我的生活节奏很快。（活力）
- 我喜欢过山车的刺激。（寻求刺激）
- 我是一个开朗、乐观的人。（积极的情绪／愉悦）

运用这些层面的好处在于，它或许能帮助你做出进一步的区分，而这些区分可能是你会忽略掉的。例如，很多在外向性上得分中等的人并不是在每个层面上的得分都一样。有些人或许在热情、爱交际、积极情绪方面的得分，比在自信心、活力、寻求刺激上稍高些，而有些人则不然。人格的其他重要特质也同样如此。在任何特质上，你都要特别注意那些明显高于或低于平均水平的层面。因为这种训练的重点在于比较人与人之间的差异，你要真正去寻找的正是这些不同特点。你或许还要注意，这些明显不同的特点是在什么情况下出现的。

为了让你能感受一下"大五"人格的不同层面，我鼓励你去做一个免费的网上人格测验（www.personal.psu.edu/faculty/j/5/j5j/IPIP/ipipmro120.htm），类似于考斯塔和麦克雷所设计的人格测验。这份测验由一群著名的人格研究专家编制[14]，由宾夕法尼亚州立大学的约翰·乔森督导[15]，它给每个层面以不同的命名，但内容是相似的。这个免费测验叫做 IPIP，20分钟就能完成，是不记名测验。如果你做了这个测验，就会收到一封自动发送的电子邮件，该邮件报告测验结果，上面会显示你在"大五"人格各维度及各层面上的相对得分，这一分数是将你的分数和成千上万已经参加过这份测验的人相比较后得到的。

为了获得更多有关"大五"人格各层面（表1.2）的体验，你或许还可以用这份网上的问卷去评定你认识的某个人。根据问卷题目对这个人进行评分，这不仅有助于加深你对他的认识，而且也会使你更熟悉这项技巧。当你对"大五"人格更为熟悉时，你就能在脑海中对他人进行评价而无需依赖于问卷了。

描述人格差异
Describing Personality Differences

表 1.2 "大五"人格的各层面 *

外向性
热心 / 友谊（容易交朋友）
爱交际（喜欢与其他人为伴）
自信心（喜欢担当）
有活力（喜欢忙碌）
寻求刺激（喜欢刺激）
积极的情绪 / 愉悦感（很容易就会感到开心）

宜人性
信任（认为人们都是好心的）
坦率 / 道德感（直率，避免欺骗）
利他性（觉得帮助他人很有价值，不剥削他人）
顺从 / 合作（喜欢协商而不对立）
谦虚（不吹嘘）
温和 / 同情心（善良，富有同情心）

责任心
胜任感 / 自我效能（能做出成就）
秩序感 / 规矩（很有条理，制定计划）
责任感（十分可靠）
努力追求成就（为了卓越而努力工作）
自律（有意志力）
深思熟虑 / 谨慎（花时间做决策）

神经质
焦虑（容易感到害怕）
充满敌意（容易怨恨）
抑郁（容易沮丧、悲观）
忸怩不自然（因害怕被拒绝而害羞）

表 1.2　续表

冲动 / 缺乏思考（不易抑制冲动）
脆弱（因压力而失去平衡）
开放性
幻想 / 想象力（竭力想创造一个更为有趣的世界）
审美 / 艺术兴趣（喜欢艺术和自然的美）
情感 / 情绪（能意识到自己的情感）
行动 / 冒险性（渴望尝试新活动）
思想 / 智力（喜欢思考）
价值观 / 自由主义（常常挑战传统）

* NEO PIR 和 IPIP 对人格各层面的命名有的不一致，我将它们都列在上面了。

再次评价比尔·克林顿

想要更好地了解"大五"人格及其各层面，另外一个途径就是再次审读本章开头所引用的乔·克莱恩书中的那个段落，同时头脑中想着"大五"人格。克莱恩书中对美国前总统克林顿的人格所进行的描述要比这个段落丰富得多。但出于我们的考虑，我主要还是围绕这323个字：

他的公众形象里带有一种身体层面的东西，几乎和肉欲有关。他热爱他的听众，反过来听众也使他兴奋。在兜售政

描述人格差异
Describing Personality Differences

治的场合里,他声调高亢激昂。他似乎能感觉得到听众想听什么,然后投其所好——在某些场合他这么说,在另外的场合他又有不同的论调,总之是要取悦不同的对象。这同样也是他在进行私人会面时最为有效但也让人抓狂的特点之一:他总是抓住一些共同点,引导人们抛开大的意见分歧——这就使得他的追随者们强烈地以为他们在任何事情上都和谐一致。……他非常需要众人的仰慕,明显具有高胆固醇的特点;公众似乎也被他丰富多样而复杂凌乱的人性所吸引。尽管他竭尽全力想要保持身材,每天慢跑几英里,直到大腿发软,但他依然肉乎乎的。他吃垃圾食品是出了名的上瘾。人称他为好色之徒。所有这些又都浑然一体。

正如我们在前面所提到的,克莱恩是通过抓几个关键的特质来进行描述的。但是现在我们能将克莱恩所写的内容转化成"大五"人格的语言。毋庸置言,关于克林顿的信息太多了,而且其他观察者已经勾画出了许多与此不同的描述[16]。但我们还是专注于克莱恩对克林顿的这段描述以及他书中的另外一些信息,以此来说明"大五"人格及其各层面是如何帮助我们形成有关克林顿基本人格倾向的各种判断的。为了说明这个问题,我将集中讲述克林顿得分特别高或特别低的那些人格层面。

当我们以克林顿为对象进行考虑时，从外向性开始谈起就特别合适，因为克林顿喜欢成为众人关注的焦点。克莱恩用一些令人印象深刻的词，如"热爱他的听众"以及"听众也使他兴奋"来描述他的公众形象，并特别强调这一点。对应到人格层面，这些词表明他在喜欢交际这一点上得分高。克林顿在自信心上得分也特别高，这使得他能成为最有领导力的人物。"好色"可以部分说明他在寻求刺激上的高分。从这些以及其他克莱恩所告诉我们的信息中可以看出，克林顿在外向性的各个层面上的得分都高，因此他的总分也靠近高的那一端。

在宜人性方面，克莱恩也给了我们一些有关克林顿的信息，但是克林顿在这方面的得分就不太显著了。从克莱恩的那段文字里，你或许一开始会认为克林顿在宜人性上会得高分，因为他总是"想去取悦别人"。但当你继续往下读，你就会发现他只是投其"粉丝"所好。在克莱恩的书里，他给出了很多克林顿欺骗他人的例子，这说明克林顿在坦率方面的得分低。克莱恩同时还给出证据，证明克林顿的好色具有玩弄和自利的性质，这就降低了克林顿在利他和同情心上的得分。综合考虑克林顿在宜人性方面的表现，虽

描述人格差异
Describing Personality Differences

然刚开始接触他时你会感觉他会得高分,但实际他的得分比表面看上去要低。

我们得到的有关克林顿在责任心方面的信息很少,但很能说明问题。那句关于慢跑的描述透露出克林顿在努力进行自我约束。但这种印象受到了破坏,"尽管努力想保持身材"、"肉乎乎的"、"吃垃圾食品上瘾"、"好色"这些词很难说明克林顿在责任心上会得高分。所以,尽管克莱恩在这段文字中没有谈到克林顿有很高的成就取向,但他在书中其他部分的记录表明,克林顿在责任感、细心和深思熟虑方面的得分较低,这综合反映出克林顿在责任心上的得分比一般人要低。

除了一个有关"复杂凌乱的人性"的提示,克莱恩对克林顿的这段描述较少涉及克林顿在神经质方面的表现。克莱恩书中其他章节告诉我们,克林顿有时会变得非常生气,失去控制,尽管这样,我们也没有充足理由认为克林顿就是一个特别容易出现负面情绪的人。事实上,他非常善于对批评置之不理,类似的批评或许会击垮我们很多人,而他却能在相当紧张棘手的情况下保持冷静。综合考虑克林顿的情况,他在神经质上的得分会低于平均水平。

这段文字也没有充分揭示克林顿的经验开放性。虽然开放性可能是人格中的一个非常显著的特点，但在对人们进行简单描述时往往会省略。克莱恩对此做了补救工作，在书的其他部分，他向我们提供了令人信服的证据，证明克林顿在开放性特质的大部分层面上都有较高得分。

当然，在这个"大五"人格的分析中，没有显示其他太多关于克林顿的信息。但为了说明这种描述是非常有用的，我们就将对克林顿的这种评价，与对另一位总统巴拉克·奥巴马进行的相似评价作比较，以思考两人的不同。尽管奥巴马出现在公众视野里的时间还不像克林顿那样长，但我们已经通过观察他的行动获得了大量有关他的信息。他的两本自传也填补了许多我们对他的不了解[17]。

在对两人进行的比较中发现，他们在开放性上没有显示出太多的差异。尽管克林顿和奥巴马在某些特定层面上的得分不一样，但他们的总分都很高。然而他们在外向性、神经质、宜人性和责任心方面的得分非常值得探究。综合分析发现，他们俩是非常不一样的。

描述人格差异
Describing Personality Differences

两人的不同在外向性方面特别明显,奥巴马在此方面的总分不仅低于克林顿,而且比大部分其他成功的政治家也都要低。尽管奥巴马在自信心和活力上得分很高,但他不是特别热情和爱交际。而且他也没有表现出太明显的积极情绪,即便是在赢得具有历史性的大选胜利和获诺贝尔和平奖时也是如此。现在正在为奥巴马写传记的克莱恩提供了奥巴马在外向性方面得分较低的证据,一个在奥巴马竞选总统时辅导过他辩论的政客告诉他说:"他明显是不合群的人……通常在准备(总统竞选)时大家都会很努力,然后所有人,包括候选人,会一起吃饭。奥巴马会走开,自己一个人吃饭。他非常独立,他不需要别人。"[18]

这种不太需要别人的特点也是奥巴马不同于克林顿的另外一种表现:他在神经质上得分低。尽管克林顿在通常情况下能控制自己的怨恨和沮丧情绪,奥巴马似乎对此根本就浑然不觉,即使面临非常严重的失败时也是如此。事实上,很多人都羡慕奥巴马,他拥有异常稳定的情绪,但他也因此遭到批评,被认为像《星际旅行》中斯波克一样的人物。另一位在描绘他人性格方面颇具天赋的《纽约时报》记者莫琳·多德(Maureen Dowd),称奥巴马为"冷面总统"和"没有变化的奥巴马"[19]。

这种冷静或许也被认为是低宜人性的一种表现，但奥巴马明显在宜人性的某些层面上得分高，尤其是在率真和合作这两点上。尽管奥巴马没有表现出利他性和温和，但他的行为表明他在这两点上至少应处于平均水平。所以，与克林顿不同，奥巴马在宜人性上比从外表看上去得分要高。

奥巴马在责任心的所有六个层面上得分都高，这也是他和克林顿不一样的地方。他在深思熟虑、通盘考虑方面得分特别高。当和其他人格特质一并进行考虑时，这点具有双重性。这既可以为他带来赞誉，因为他办事周到，能全面考虑；也会招致批评，他太过教条，缺乏决断力。

以这样的方式来考量奥巴马和克林顿，显示了"大五"人格有助于我们凭直觉观察到的信息来判断他人的人格。尽管通过"大五"人格所得到的信息是粗略的，但这个过程能让我们专注于那些基本倾向的所有方面，其中包括了某些我们可能忽视的信息。而且就像你所看到的，我们通过这种方式所得到的结果为我后面章节所要提到的人格类型提供了基本的框架。

描述人格差异
Describing Personality Differences

注　释

1　Klein（2002）。
2　Allport and Odbert（1936）。
3　这种基于词典对人格特质进行研究的方法称之为词汇法。John 等人（1988）以及 Digman（1990）对词汇法研究的历史进行了综述。
4　Allport（1961），p.355。
5　Craik 等（1993）回顾了人格研究的早期历史。John 和 Robbins（1993）以及 Nicholson（2003）强调了奥尔波特的贡献，包括他对建立人格组块（特质）和每个完整的人的独特性的兴趣。
6　在奥尔波特和奥登伯格公布他们的发现之前，高尔顿早已进行了最初的调查，"从一个适合的词典中统计出性格最为突出的方面"。在他1884年发表的《性格测量》这篇文章中，他估计词典中"包含有1 000个充分表现性格的词，每个词都有其独立的含义，但每个词又都与某些其他词有共性的含义。"
7　Goldberg（1990，1992，1993）。
8　Denissen 和 Penke（2008）认为"大五"人格特质反映的是大脑系统的活动情况，它可以控制特定社交或一般动机。在他们看来，"大五"人格上的得分"反映的是人们对各类外部情境刺激所做出动机性反应时存在的稳定的个体差异。具体而言，外倾性可定义为在社交情境中回报系统激活时的个体差异，宜人性是在资源冲突时合作（反之自私）动机方面的差异，责任心是在分心情境下仍能坚持目标追求的差异，神经质是面临社交排斥的提示时惩罚系统激活的差异，而对经验的开放性则是进行认知活动时回报系统激活的差异。"
9　Mischel（2004）已经强调这样一个事实，即在特定情境下某一特质的表达存在一致的个体差异,这就是他称之为"如果……那么……这样一种情境、行为关系。"

10 Funder(1995,2006)已经证明了这种方法的价值,即:将我们所观察到的行为平均起来,从而形成对一个人在"大五"人格各特质上的相对等级的评定。Mischel(2004)认为这种平均的过程"已被证实是很有用的,尤其是在描述'整体上相似'的个体在评定特质时存在显著的个体差异时。"但他指出,通过观察一个人在特定情境下独特的"如果……那么……"行为模式也可以获得很多信息。也可参见 Mischel 和 Shoda(1998)以及 Kammrath 等人(2005)。

11 在进行测量评价时,你很有可能会发现男性和女性在测验上有很大差异,但从个体来看却没有明显的性别差异。尽管 Costa 等(2001)和 Schmitt 等(2008)在十几种文化背景下发现"大五"人格存在性别差异(平均而言,女性在 N、E、A 和 C 上得分要高些),但其中也有很多重叠。性别差异的程度依文化的不同而有所不同。令人吃惊的是,"人格特质的性别差异在富裕、健康且女性拥有更多平等机会的平等主义文化背景中表现得更大"(Schmitt 等[2008])。

12 McCrae 和 Costa(2003)回顾了 NEO-PIR 问卷的历史,这份测验是他们设计出的,由专业人士进行施测和解释并被广泛应用于临床和人格研究中(Costa 和 McCrae,1992)。该测验已经被翻译成多种语言,适用于很多文化背景(D. P. Schimitt 等[2007];Mccrae 和 Costa[1997])。

13 由短语而非形容词组成的问卷并非新事物。英国心理学家 Hans Eysenck(1965)在他关于人格特质的开创性研究中就是这样使用的。Katherine Briggs 以及她的女儿 Isabel Briggs Myers 也是这样做的。她们编制了 The Myers-Briggs type Indicator(MBTI)(Myers,1980),该人格问卷被广泛使用,它同时也成为 David Keirsey's(1998)关于人格的畅销书的基础。

为什么学术界的心理学家们更偏好使用 NEO-PIR，其中一个原因就在于它对"大五"人格的所有维度都进行了测量，而 MBTI 没有对神经质进行测量（McCrae 和 Costa，1989；Mcdonald 等人，1994）。

14 Buchanan 等人（2005）；Goldberg 等人（2006）。

15 Johnson（2005），Gosling 等人（2004）也对网络问卷进行了研究。

16 Hitchens（1999）提供了一个极端的例子。

17 Obama（1995，2006）。

18 Klein（2010）。

19 Dowd（2010）。

2

有问题的人格类型

当我们谈论人时,我们并非仅仅使用有责任心或懒惰这样的形容词,我们也会用到工作狂或懒人这样的名词。形容词是用来描述某人具有什么样的特质,名词则是用来描述某个人所属的类型。

将人进行归类看似非常有效,一个简单的词或短语似乎就能刻画出一个人的样子,但诸如工作狂这样的词其实并不是完整人格的标签。例如,工作狂指的是"那些工作上瘾,或那些自愿过度努力和经常长时间工作的人"。懒人指的是"逃避工作的人"。所以,诸如工作狂或懒人这样的名词都不是在全面描述一个人,而仅仅

描述人格差异
Describing Personality Differences

是在强调某个单一特质的高低，在这里强调的就是责任心的某个层面。

我们也会用名词去描述在"大五"人格其他维度和层面上得分不同的人。在外向性上，我们称一端的人为社交明星，而另一端的则为孤独者；在宜人性上，有利他者和厌世者；在神经质上，有哀诉者和冷静者；在开放性上，有革新者和保守者。而且，我们也会用其他的名词来描述那些明显同时具有几种特征的人，如戏剧王后，在我的词典中，它的含义就是"对一个微不足道的失败都会做出过度反应"和"竭尽全力想成为关注的焦点"，这就综合了高神经质和高外向性的特点。

像工作狂和戏剧王后这样的名词之所以会这么常用，是因为它们不仅方便地总结出了某些显著的特点，而且也比说"高责任心"或"高神经质和高外向性"更为生动形象，且具有一定的感情色彩。这种差别就如同描述香蕉时用一些抽象的词语，如一种长长的热带水果、一簇簇长在枝头、成熟后变成黄色，与直接给出一幅诱人的香蕉图片之间的差别。尽管工作狂和戏剧王后并不如香蕉那样定义精确，但它们都传达出一种立刻就能吸引你注意的信息，并且将一系列复杂的特点缩减到一个简单形象中。

有问题的人格类型
Troublesome Patterns

心理治疗师意识到这些富有感染力的词汇非常有用，于是他们发展出了一套词汇，用来描述他们在日常工作中可能观察到的各种问题人格类型。为了达成共识，他们成立了专家委员会进行商讨，这些专家最后总结出十个他们认为特别重要的词汇。这就是我所说的"十大"（Top Ten）人格类型，这些人格类型及以下对它们的简短概述在第四版《美国心理治疗协会诊断和统计分析手册》（DSM-IV）上都有说明[1]。

- 反社会型——不尊重他人且侵犯他人权益的一种类型。
- 回避型——社交回避，有自卑感，对负面评价高度敏感的一种类型。
- 边缘型——人际关系、自我形象及情绪都不稳定，非常易冲动的一种类型。
- 强迫型（obsessive-compulsive[2]）——过分追求条理、完美主义和控制感的一种类型。
- 依赖型——过度需要被照顾，一种顺从和依附的行为类型。
- 表演型——过分寻求情感和关注的一种类型。
- 自恋型——夸夸其谈，需要他人赞赏，缺乏同理心的一种类型。
- 妄想型——不信任、怀疑，恶意曲解他人目的的一种类型。
- 分裂样型——远离任何社交关系，情绪表达受限的一种类型。

描述人格差异
Describing Personality Differences

- **分裂型**——对亲密关系感到非常不舒服，认知或观念扭曲，行为乖张的一种类型。

当你一眼看上去，你或许可以从这些通俗名称上认出你所知道的类型。其中有些名称，如边缘型和妄想型与它们的临床名称相同，而其他类型则有很多种叫法。例如，我们会用心理变态者来称呼反社会型的人；用壁花（指丑小鸭或局外人）来称呼回避型的人；用控制狂、细节王后、工作狂、完美主义者或特别在乎细节的人来称呼强迫型的人；用爱粘人的人来称呼依赖型的人；用戏剧王后称呼表演型的人；用自我中心者称呼自恋型的人；用孤独者来称呼分裂样型的人；用怪人称呼分裂型的人。但DSM-IV不像日常用语那样随意且不一致，它是根据对行为的持久模式所进行的临床观察而定义出来的。它还包括一些判定标准，用以判定某个特定个体的某种行为模式是适应良好的，还是适应不良的。那些受以上一项或多项极端或不灵活模式困扰的人，就会被认为存在某种人格障碍[3]。

在思考这"十大"类型时，很重要的一点就是要认识到，和香蕉的例子不同，这些类型都不是清晰界定的自然类别[4]。他们更像是用于描述人格特性的维度（等级）词，而不像是用于描述水

有问题的人格类型
Troublesome Patterns

果类别（是/不是）的词：你可以是强迫型，程度或高或低，但某种水果只能是香蕉或者不是香蕉。而且，即使观察到有一种或多种以上类型的迹象也无需担忧，因为轻微或中等程度症状的确切含义，一定要基于对个案所进行的具体分析而定。

不管怎样，"十大"类型在日常生活中非常有用，因为它们有助于我们将注意力集中在这些常见类型上。我们很多人都不同程度地表现出这些类型，它们对我们而言利大于弊[5]，但这些类型通常与人际关系或自我控制方面的问题有关，所以我们不得不对此加以警惕。当你努力想知道是什么在困扰你和他人的关系并思考如何应对时，你能意识到以上这点就会特别有用。

在本章接下来的内容里，我将展开阐述"十大"类型中每种类型的情况。但我不要求你记住所有的特征列表，相反，我要学心理学家保罗·科斯塔、托马斯·韦德歌和罗伯特·麦克雷那样，用"大五"人格各层面上的高低评分来对这"十大"类型进行描述[6]。这样可以以你已了解的人格结构为基础，而且它使你能够在同一框架下对某个人的"大五"人格情况和潜在的问题类型做一个综合评价。首先，我们先来考虑处于外向性低分端的两种类型。

非常低的外向性：两种怪癖的孤独者

我们都认识一些喜欢独处的人，但很少有人有与那些处于外向性末端的人相处的经验，因为那些人非常喜欢独处。为了举例说明一个低外向性的人是什么样，我从雅虎网站上截取了某学生的一段自我描述：

> 我最近一直在思考，与他人相比，我的生活是不是非常不正常或怪异，但对我自己而言，我的生活一点也不怪异或奇特。
>
> 我指的是，我向来都对交朋友不感兴趣。我一生只交过两个朋友，但我现在没有朋友。我一点也没有感觉到孤单、悲伤或其他类似感受。对我来说，孤独感并不存在，因为，我一直都想独自一人。
>
> 闲着的时候，我哪里也不去。我没有任何朋友，事实上，我也不需要任何人。我甚至都不想和我的家人待在一起。在学校，我不和任何人说话。我没有想去靠近任何人的想法，事实上，我喜欢独自一人。我也不知道这怎么可能，但我不喜

有问题的人格类型
Troublesome Patterns

欢女孩子——也不喜欢男孩子。我从来没有交过女朋友,因为我不需要,觉得没意思,一点用也没有。我不认为我会谈恋爱。我觉得我是一个缺乏性欲的人。

其实我并不在乎人们如何谈论我。当人们表扬或批评我时,我没有任何感觉。而且,当我和陌生人相遇时,我尽量避免眼神接触。

如果我必须得和其他人在一起待很长时间,我感觉他们会从我身上吸走很多生命能量。之后,我需要很长时间的独处才能重新获得能量。我讨厌谣言,讨厌说长道短,讨厌闲言碎语。

我生命中唯一的目标就是实现我的梦想,其他的一切都是无意义的。友谊和爱情对我而言一文不值。

这个学生的自我描述与DSM中描述的分裂样型非常吻合,分裂样型具有以下特点:"从来不渴望也不会享受亲密的关系,包括成为家庭的一分子;大多数时候总是独自行动;如果有兴趣与他人发生性关系,那也只是一点点兴趣而已;很少在活动中发现乐趣;除了亲人,没有密友和死党;对他人的赞誉或批评听而不闻;表现出冷漠,少有情绪。"但如果你把这种类型放到"大五"人格的背景中去考虑,你就会发现这种类型完全可以描述为在外向性的六个层面上得分都很低:不热情、不合群、不自信、缺少活力、不寻求刺激、缺少积极情感。所以,该学生的这些异常特点仅仅是他处于外向性末端的一个反映。

以这样的方式去思考该学生的奇特行为不仅使你能以另一种方式去理解他,而且也有助于你将他的这种分裂样型与另一种低外向性的类型——分裂型加以区别。与分裂样型不同,分裂型的人不只是对人漠不关心,他们还表现为十分不喜欢别人,这是低宜人性的一种表现;在人前露面会感到焦虑,这是高神经质的一种表现;对外在世界有一种非常独特的看法,这是高开放性的一种表现。由此可以看出,分裂型的人并非在所有方面都处于低分端。他们可能是一些很古怪的人。

一个典型的例子就是鲍比·费舍尔(Bobby Fischer)。他是一个厌世的隐士,他之所以进入公众视野,是因为他是有史以来最为著名的国际象棋选手之一。尽管他才华横溢,却对几乎所有人都不屑一顾,甚至连他最忠实的粉丝也被触怒了。更为糟糕的是,他频繁发表怪论,对犹太人和美国人都心怀恨意,这进一步使得他遭人离弃。虽然他在象棋界仍是一个传奇,但他在30多岁时就

有问题的人格类型
Troublesome Patterns

淡出了人们的视线，后半生漂泊不定。2001年9·11事件之后，他立刻简短地露了一面，在一家菲律宾的电台发表声明，他说："这是绝好的消息，我为这一行动鼓掌庆贺。美国去见鬼吧，我就想看到美国人被消灭。"[7]

并不是所有分裂型的人都像鲍比·费舍尔这般乖张古怪，有些人满足于自己过着打破传统的生活，并不激惹别人。但从其怪癖的行为通常很容易就能辨识出他们，他们和上面那个分裂样型学生不同，因为后者只是简单地想做自己。

非常高的外向性：焦虑的表演型

外向性方面存在的潜在问题类型不只局限于低分端，还有一种高外向性的类型，叫做表演型。与分裂样型人的不露声色相比，表演型的人会引起你的注意，因为他们太渴望吸引你了。

表演型的人不仅在爱交际、活力、刺激寻求和积极情感体验方面得分极高，他们在外向性方面还明显带有性的特点。分裂样型的人对性缺乏兴趣，在外向性上得分低；而表演型的人则眉飞色舞地表露他们的性欲,以此来表现他们的高外向性。在 DSM-IV 中,这种类型有两个突出特点:"通常以不恰当的性引诱或挑衅行为与他人进行交往"和"通常运用外表去吸引他人关注自己"。

分裂样型的人很大程度上仅表现在外向性这一点上的得分非常低,和他们不同,表演型的人在"大五"人格的其他特质上也有显著的得分。表演型的人似乎很天真,在信任上得分高,这是宜人性(A)的一个方面;他们在冲动性上得分也高,这是神经质(N)的一个方面;他们在浪漫的幻想和情感方面得分也高,这是开放性(O)的一个方面;但他们在自我约束和深思熟虑方面得分低,这是责任心(C)的一个方面。除了提到他们的诱惑力,DSM 还强调这类人富有戏剧表现力、易受暗示和分析性思维能力不强。

要找出属于这一类型的公众人物并不难,正好可从演艺界说起。玛丽莲·梦露就是一个极好的例子。当她还是一个小女孩的时候,她就表现出了极强的渴望,希望人们关注她的身材。格洛丽亚·斯泰纳姆在玛丽莲·梦露的传记中描述说,玛丽莲曾自述小时候有过想在教堂脱光衣服的冲动:"我非常想赤裸着身体站在神和其他人面前让他们看到。我只得咬紧牙关,抑制住我的冲动,这样才不致于去脱光衣服。"[8] 玛丽莲·梦露之后以性感女神宣传自己，多次随意发生性关系，而且在私人生活中情绪夸张，这些都符合表演型的表现。

在好莱坞的男演员中也很容易找到这种类型，如曾经和玛丽莲有过恋情的马龙·白兰度。他也散发着性感的男性魅力。当玛丽莲在《绅士更爱淑女》这部戏里挑逗男性时，马龙·白兰度也正在《欲望街车》中和淑女们周旋。他演一个容易失控的坏男孩，情绪跌宕起伏。像玛丽莲一样，这不只是在演戏，马龙·白兰度在镜头之外的生活中也表现出这样的模式。他和玛丽莲一样，也频繁与老板和导演发生不和。

当然，不是一定要成为电影明星才会成为表演型的人。富有戏剧性和喜欢身体展示的人不在少数。他们通常不负责任，不够理性，而且特别外向。但很多这样的人还是会吸引一群观众，这群人会认为他们很有吸引力且很有趣。

低宜人性的类型：妄想型、自恋型和反社会型

在"十大"类型中，有三种类型在宜人性上表现异常——妄

描述人格差异
Describing Personality Differences

想型、自恋型和反社会型，他们都处于宜人性的低分端。这倒不是说在宜人性上得低分就一定有问题。事实上，很多在某一领域达到巅峰状态的人会明显具有这样一种或多种的类型模式。但不管怎样，临床治疗师们都关注这些类型，因为这些类型的极端化会产生自我挫败，经常引发反击和报复，而且会给他人带去痛苦。

将这三种类型结合起来思考是很有用处的，因为三者都在宜人性的三个维度上得分低。这些类型的人都比较自私，不大方；好斗，不太愿意合作；比较无情，缺乏爱心。区分这三者时需要看每个人在宜人性其他维度上的得分是不是特别低。妄想者多疑，不信任他人；自恋者骄傲自负，不谦虚；反社会型的人耍阴谋诡计，不直截了当。

在这些类型中，妄想者是最容易被辨识出来的，因为有妄想表现的人通常会明确表示对他人的不信任和不喜欢。他们非常肯定别人不怀好意，认为自己有足够的理由对他人不屑一顾，他们好与他人争斗，拒绝一切批评，心存怨恨，以作防御。他们也会冷酷，远离他人，这是低外向性的表现；他们自以为是，秉持一己之见，这是低开放性的表现；他们很容易被激怒，这是高神经质的表现。

有问题的人格类型
Troublesome Patterns

尽管这种类型不能用来诊断其是否招人喜欢，但在需要对人的动机进行质疑甚至引发诉讼的职业中却被巧妙地加以利用。例如，拉尔夫·纳德（Ralph Nader）在从事为大众代言这样一份光荣的事业时，就是对这一特征的充分利用。一开始，他坚持不懈地揭秘汽车业的欺骗手段，从而迫使汽车业生产更为安全的汽车；之后他将注意力转向其他领域，关注政府组织的腐败无能。多年以来，他和他的纳德突击队员们倡导了多项重要的改革。

但纳德作为十字军战士获得成功并不完全因其偏执和妄想。他能吸引人们支持这种平民运动，其能力部分来自于其自信和想要获得他人的赞赏，这些都是自恋类型所具有的特征[9]。在有感召力的领导者身上，通常能见到这种类型以一种温和的方式表现出来，但有些人太过极端了。如果这种类型发展成夸夸其谈、傲慢自大，影响到决断的话，就会很成问题。

以纳德为例，在 2000 年的总统竞选及后续事件中我们都能看到他的夸夸其谈。纳德辩称其他两个候选人戈尔和小布什难分伯仲，就像 "Tweedledee 和 Tweedledum（两个小说人物，意指难以区分）一样……所以不管选哪个都一样"，他称自己是唯一值得当选的候选人。很多早期支持纳德的人都敦促他退出竞选，因为他

描述人格差异
Describing Personality Differences

根本没有赢的可能，反而分流了他们更为支持的戈尔的选票。但纳德拒绝了，他不想退出这片聚光灯区。当戈尔在佛罗里达州因几百张选票落败，进而总统落选时，纳德也根本不曾想到这有可能就是他所犯下的错。相反，他对自己非常满意，还撰写了《党派的崩溃》一书[10]，在书中他为自己的恶作剧幸灾乐祸，并依然坚持只有他应该当选。

甚至在2000年总统选举之前，纳德的妄想和自恋人格就已经失控了，尽管这样的人格类型之前曾帮助他多次获得成功。现在我们知道，纳德的多疑曾帮助他打败过外人，但这一点也使他一旦了解到同盟者的不忠诚后便会与之作对。我们还知道，自恋这一特质虽然为他的早期事业吸引来了志同道合的战士，但后来却成了他剥削他人并对那些不再盲目追随他的人实施报复的理由。丽莎·钱伯伦在《拉尔夫·纳德的阴暗面》一书中对此作了综述：

> 几十个与纳德一起共事或为他做事几十年的人，最后都与这个他们曾经钦佩不已、尊敬万分的人痛苦决裂。这一矛盾涉及如此之多的人且如此严重，所以这不可能是因为这些人心有不悦而遭解雇。据很多之前与他亲密作战的人透露，他这个人特别孤傲，对朋友和同盟使暗手，死守机密，多疑妄想，

且尖酸刻薄——甚至不惜牺牲自己的事业[11]。

自恋这一类型还有其他的不利之处。自恋者最为常见的感受是不可战胜，所以他们常常会无谓地冒险。很多自恋的人因为这样的错误判断而导致自我毁灭，拿破仑对俄国的侵略就是一例。

但并非所有自恋的人都会感觉自己坚不可摧。很多没能真正获得成功的人会一直假想自己很优秀。为了自我感觉良好，他们会为自己设想一个美好的未来，为自己的小小成就吹嘘，并且诋毁别人以抬高自己。虽然如此，这样的自恋者很容易因一丁点的批评就崩溃，非常脆弱[12]。

自恋者很想成为人上人，这点与在宜人性上得分相对较低、在DSM上被称之为反社会而其他专家称之为心理变态或反社会型的人不同[13]。和自恋者一样，反社会型的人也是很有心计、利用他人的人，他们缺乏同理心。但他们又与自恋者渴望别人的钦羡不同，大多数反社会型的人不太在乎他人的称赞。他们的这种冷漠，表现为在忸怩不自然、易受影响和焦虑等神经质方面的得分非常低。事实上，他们感受负面情绪的能力非常弱，以至于他们都不会感到愧疚或悲伤，也不会表现出些许的良知。他们中很多人还在责

描述人格差异
Describing Personality Differences

任心的几个层面,如责任感和深思熟虑上得分低;但他们在外向性的几个层面,如自信和寻求刺激方面得分高。

考虑到反社会型的人会做出具有很大伤害性的事,你或许会认为我们应时时提防着他们。然而,他们又是那么容易被忽视的一群人。我们对他们视而不见,其中一个原因就在于,我们中很多人很难相信有这样的人存在。而且,这样的人是油嘴滑舌的骗子,我们即便亲眼所见也不会相信他们是在欺骗我们。研究变态心理的专家罗伯特·海尔(Robert Hare)记得自己曾被这样的人愚弄过。当他在聚会上说起这样的人时,总会有人这样回应他,"你知道吗?我以前从未意识到,但你所描述的这个人就是我的姐夫。"[14]

伯纳德·麦道夫(Bernard Madoff)[15],这个曾经操控庞氏骗局20年的人就是一个很好的例子。当骗局暴露时,很多被他哄骗了20年的人就是不敢相信。"这么好的人怎么可能做这样可怕的事?"、"他怎么能一直欺骗他的挚友,他们一直这么信赖他?"然而,他就是这样,表面上看似被众人拥戴,实则多年以来多次被调查,一直欺世盗名——这样的人寡廉鲜耻,毫无悔恨之意,没有良心。

有问题的人格类型
Troublesome Patterns

麦道夫不仅仅愚弄容易受骗上当的人，他还无所畏惧地与政府管理部门专门缉查欺诈的官员周旋。即便在经济萎缩、资金大规模撤离，进而骗局暴露时，麦道夫依然自信满满，认为自己可以搞定——他自信到自己在坦白前都不曾找律师来进行咨询。

O. J. 辛普森也是一个著名的反社会型的人，他和麦道夫一样，都认为自己能够逃脱所有的惩罚。在被指控杀害妻子妮可、妻子的朋友罗斯·高德曼，面对一系列极端不利的证据时，辛普森依然很平静。在庭审时他表现得厚颜无耻，他平静地玩弄他杀人时用的手套，这些都使得陪审团认定他是无辜的。

即使后来辛普森在民事审判时被定罪，他依然没有紧张。在宣布审判结果后，他不但不掩饰，反而决定写一本书，书名就叫《假如是我所为》，这种露骨的坦白进一步表明了反社会型人的冷酷无情。在书中，他极尽细致地描述可能用到的谋杀手段，却还声称自己是无辜的，他以此嘲讽被害者家属，从而获得满足[16]。

这种施虐的快感生动地体现在贾维尔·巴登在奥斯卡获奖电影《老无所依》中饰演的那个心理变态杀手身上。在电影开始，有特别吓人的一幕，我们看到这个杀手在戏弄加油站里的一个服务生，

描述人格差异
Describing Personality Differences

服务生刚开始对他很友好，但马上就变得非常害怕。令这个服务生越来越感到迷惑的是，巴登不露声色地威胁他，即便他表示出想和解，巴登也不肯罢手。但仅仅因为掷硬币时的那份幸运，服务生才终于得以逃脱。

当然，巴登在电影中的角色是这种类型的一个极端例子，他是一个杀人机器，喜欢杀人。辛普森较之则温和些，这一类型的很多特质也帮助他在橄榄球事业上有突出的表现。要不是谋杀妮可后面临一系列的调查，他在体育方面的巨大成就，或许能使他免于反社会行为的惩罚。据罗伯特·海尔的观点，巴登这个角色的确是一个十足的心理变态，而辛普森或许只能被认为是一个"不完全的心理变态罪犯"[17]。

其他很多位居要职的反社会型的人更善于掩盖其罪行，而且这样的人不在少数。调查表明，约有4%的美国人属于DSM所描述的反社会型，大部分是男性[18]。所以，如果你认识的人中有人表现出这样的迹象，你千万不要忽视，你有必要继续留心观察以获得更多的证据。

有问题的人格类型
Troublesome Patterns

非常高的责任心：强迫型

尽管反社会型的人相当普遍，但在"十大"类型中还不是最为普遍的，强迫型人格才是最为普遍的。最近一项调查发现，大约 8% 的美国成人是强迫型的人[19]，其中有男人，也有女人。

强迫型人格区别于其他类型的一个主要特征是，这样的人在责任心的所有层面上得分都高，但这有什么问题呢？胜任感、有条理、有责任心、自我约束、深思熟虑和努力奋斗，这些不正是父母一直鼓励我们的吗？这些不都是成功的要素吗？高责任心的适应类型（与获得成功相关）与有潜在问题的高责任心类型（即我们所谓的强迫型）之间有何区别？

和其他有问题的人格类型一样，这只是一个程度的问题。例如，西奥多·米伦（Theodore Millon）对他称之为完美主义这一构成成分进行了等级划分，从适应性的（我为我所做的感到骄傲）到有问题的（我会一直努力，直到完美，尽管它已经达到了我所需要的程度），最后到有严重问题的（因为没有一件事已足够完美，所以我从未完成任何事情）[20]。DSM 中包含有对适应不良的完美主义者的其他症状的描述："过分关注细节、规则、条理、秩序、组织或计划，以至于忽视了活动最主要的部分";"过分有责任感,过于挑剔,在涉及道德规范和价值观的问题上不够灵活变通";"不愿分配任务给他人,或与他人合作,除非他人与自己的做事风格一模一样。"

但这一问题类型不完全取决于高责任心的程度。毕竟,很多获得伟大成就的人都表现出了适应性的高责任心。适应不良的高责任心有一个显著特点,它似乎与高神经质有关,尤其是高焦虑和脆弱。具有正常责任心的人能从努力工作、获得成就中体验到快乐,与此不同,具有不正常的高责任心的人,很少能从他们所做的工作中获得乐趣。相反,他们的动机是竭力避免失误。如果他们不以一种特定的方式去做事的话,他们就会因此而不安。没有人知道他们为什么以勤奋工作来作为逃避负面情绪的主要手段,但不管出于何种原因,他们是完美主义的囚徒,他们被这种不会给自己或他人带来快乐的模式所束缚。

高神经质类型:回避型、依赖型和边缘型

高神经质会给适应不良的强迫型的人带去很多悲伤,同时还

有问题的人格类型
Troublesome Patterns

会引起"十大"类型中其他三种类型——回避型、依赖型和边缘型。强迫型的人一旦偏离惯常僵化的做事方式,就会突然表现得神经质;与此不同,这三种类型的高神经质者的主要表现是,他们在社交场合和关系中易受影响。因为这一共同特点,在其中一种类型上很突出的人也可能会有其他类型的症状。

最易辨识的是回避型的人,因为他们在团体中会感到不自在。有时我们会将之与分裂样型的人搞混,但所不同的是,回避型的人事实上是非常愿意与人交往的。他们之所以不愿意交往,是因为他们担心自己不够吸引人,害怕因此陷入尴尬境地或被人拒绝。

从神经质上的得分就能看出回避型的人和分裂样型的人是不同的。回避型的人在扭怩不安和易受影响方面得分特别高,这两方面的因素使得他们害怕表达不一致的意见;而对分裂样型的人来说,他们根本不在乎别人的轻视。DSM还强调回避型的其他方面,如"特别不愿冒险或参加任何可能会令他们尴尬的新活动"。

但很多回避型的人确实有自己与人交往的方法,甚至有部分人还升到了很高的职位,尽管他们还是会恐惧和抑制。一个典型的例子就是威廉姆·肖恩(William Shawn),他担任《纽约客》主

描述人格差异
Describing Personality Differences

编长达 35 年。他的儿子艾伦在《希望我能在那里》一书中描述了父亲的回避型人格，以及他是如何应对这种人格类型的：

> 回想起来，他似乎有点社交恐惧。他不喜欢人多的地方，看戏剧或听音乐会时总是坐在边上或靠近出口的地方。除此之外，绝大部分的晚会或聚会他都不参加。我不记得他自己发起过什么聚会，在社交聚会方面，他好像有点不太积极，总是被动参与，但通常的情况是他最后成了安静的中心。假如自家的客厅有客人在，他虽看上去很高兴，红光满面，但也还是畏缩不前。虽然他整天都和人打交道，但他们似乎还是会令他感到惊讶。他尊重其他人的多样性和秘密，这也部分造就了他的深沉，但同时也表现出他内心的那份恐惧。

> 他是出了名的害羞，宁可与个别人谈话，也不愿对着一群人说话……我认为，其实他并不害怕任何人，事实上他是非常合群的，他只是需要一些特定的情境去显露他的合群，正如他需要一些特定的情境，自信地表现自我，变得主动以及表露自己内心的那份骄傲一样[21]。

某些回避型的人所具有的这种自信，在另一种高神经质的人

（即依赖型的人）身上是不具备的。他们不去战胜自己内心深处的不安全感，而是寻找那些强大的人作为可能的保护者。DSM-IV对这种类型的描述包括："如果没有来自他人的大量建议或保证，他们每天都很难做出决策"；"需要他人来承担其生活的大部分责任"；"当独自一人时会感到不舒服或无助，因为他们过分担心自己无法照顾自己"；"被不切实际的恐惧俘获，幻想着自己会被遗弃，而不得不自己照顾自己"。

这些脆弱的人之所以这样，是因为他们在宜人性上得分也相对较高。他们相信有很多慷慨大方的人不会欺负他们，他们愿意承认自己的缺陷，不会因此感到羞愧。事实上，他们表达自己的殷勤，取悦他人，感到很自然。希望这份对他人的信赖能有所回报，希望能找到可依赖的心仪伙伴。

有时候这样做是有效的。如果依赖者能确立一份稳定的关系，那么他们的神经质可能就会隐藏起来，而只有宜人性凸显出来。但通常还是会出现烦人的后果，因为依赖者会高估伙伴的承诺。当蜜月期过去，依赖者可能会变得粘人且苛刻，那份对被遗弃的恐惧会占据他们的心灵。

描述人格差异
Describing Personality Differences

害怕被抛弃的这种感觉也是另一种极端的神经质类型——边缘型人格的突出特点。边缘型在神经质的所有层面（焦虑、愤怒性敌对、压抑、忸怩不自然、冲动性以及脆弱性）上的得分都高。更为糟糕的是，他们在宜人性的层面，如信赖和对承诺的遵守上得分低；在责任心的层面，如深思熟虑上也是低分。但神经质的特点非常突出，其表现可能既包括生气和失望，也包括缠人的依赖，正如书名《我恨你，但别离开我》(I Hate You, Don't Leave Me)[22]所表达的一样。

DSM-IV 对该类型的描述强调三种混乱迹象："疯狂地想避免被遗弃，不管这种遗弃是真实存在的还是臆想出来的"；"不稳定但强烈的个人关系，在理想化和一无是处这两个极端间摇摆"；"不稳定的自我形象或自我感觉"。这种类型的人有强烈的人际需要和强烈的依恋，并且害怕背叛。因为他们容易感到孤独，所以通常会通过性滥交和非法毒品来寻求慰藉。

虽然这种类型很极端，但若这种描述使你想起了你认识的某个人，你也不要因此而吃惊。美国国家健康学会的研究者通过面对面的访谈了解到，约 5% 的美国人受边缘型人格问题的困扰。虽然大家普遍认为大部分边缘型的人是女性，研究者却发现，这种矛盾的人格类型在男性人群中也相当普遍[23]。

也存在温和的边缘型人格类型，即米伦认为是"在正常的连续体上"[24]，而奥德汉姆和莫里斯则称之为"水银柱类型的人（或高或低的边缘型人格）"[25]。这种人非常急切地想要拥有一份浪漫的情感，寻求强烈的亲密关系。如果这些情感总是没有得到热烈的回应，他们就会很受伤。但他们关系的破裂和建立不会那么极端，情绪也不会那么不稳定，而且他们对其关系的看法也更现实。

对自我和他人的看法

到目前为止，我已经依据"大五"人格模型对这些类型进行了描述，现在我们以另外一种方式对它们进行概念化，这对我们的理解也很有用。这一方法基于心理治疗师艾伦·贝克（Aaron T. Beck）的研究，贝克对有问题人格的人的思维过程进行了研究，并以此作为指导对他们进行治疗。他的方法被称之为认知疗法，旨在帮助来访者确认并重新审视那些使他们陷入困境的思维方式。在建立这种心理疗法的过程中，贝克和他的同事们区分了两种信息加工或思维过程：人们关于自我的看法，以及他们对其他人的

描述人格差异
Describing Personality Differences

一般看法。他们还发现，这两种特定的想法是"十大"问题类型人格的典型特征[26]。

在寻找这些可能存在问题的思维过程的迹象时，我从一开始就只关注人对自我的看法。我没有分出十种，而是将他们归纳成了四种类别。其中有两种投射的是积极的自我形象："我是独特的"和"我是正确的"；剩下的两种类别比较负面："我是脆弱的"和"我是孤独的"。

这四种关于自我的看法或许都是我们所熟悉的，因为我们谈论别人时通常都会用到。例如，我们可能会说："她太自我"（独特），"他太自以为是"（正确），"她很缺乏安全感"（脆弱），或"他确实很孤僻"（孤独）。如果这些或类似的说法与你所想到的某个人相符，你可以更细化你的这种评价，可以看看表2.1中所归纳的这些特点有多少是与他/她相符的[27]。

认为"我是独特的"有三种思维方式，它们之间有一些共同之处，也有很明显的不同。自恋者相信他们高高在上，可以超越规则。他们希望别人崇拜自己，给予他们自认为应得的特别对待。表演型的人也同样希望获得他人的钦羡，但这种钦羡主要是因为

有问题的人格类型
Troublesome Patterns

表 2.1 "十大"类型：对自我和对他人的看法

	类型	自我	他人
我是独特的	自恋型 表演型 反社会型	有特权的 有魅力的 不受约束的	低等的 可引诱的 容易受骗的
我是正确的	强迫型 妄想型	有能力胜任的 正义的	懒惰的 心怀恶意的
我是脆弱的	回避型 依赖型 边缘型	不受欢迎的 需要人帮助的 不稳定的	侮辱的 支持的 不一致的
我是孤独的	分裂样型 分裂型	自立的 神奇的	不值得为之付出的 不值得信赖的

他们有魅力。而且，与自恋型的人不同，表演型的人不认为他人低自己一等。相反，他们认为别人是潜在的可引诱的目标。反社会型的人和自恋者一样，都有一种优越感，但他们主要还是对利用他人感兴趣，而不是要获得他人的钦羡。他们认为自己之所以特别，就在于他们不受社会习俗的制约。这就使得他们能去欺骗和利用那些易受骗的人，而且还使得他们中的很多人能逍遥法外，因为他们很会隐藏自己的真实目的。

"我是正确的"表现为两种思维方式，它们也是特别容易区分开的。强迫型的人认为自己很有能力，追求优秀。他们认为别人都是些自我放纵的懒汉，他们应该更努力地工作并且遵守规则。妄想型的人或许更自以为是，但他们也会感到被误解，尽管他们自认为自己有很崇高的出发点。他们不会因认为他人的不负责任而解雇对方，但却会提防别人，将他们看成是心怀恶意的对手。

"我是脆弱的"表现为三种思维方式，都包含有"我不够好"这一信念，可以通过其对他人的不同看法而加以区分。回避型的人特别担心别人会看穿自己，发现自己的缺点，把自己看扁了。为了避免这种尴尬，他们很低调。依赖型的人也同样感到自己的不足，但他们不为此而羞愧，他们会寻找那些能照顾和支持自己的人。边缘型的人是最为麻烦的人，他们对自己和他人的看法都不稳定。他们敏锐地意识到自己的不足，但还是会执着地认为别人是喜欢他们的。他们对自己所喜欢的人的看法常常在积极和消极之间摇摆，一方面认为这些人是可爱且完美的，另一方面又认为自己经常面临被背叛和被遗弃的危险。

"我是孤独的"表现为两种思维方式，也包含了对自己和对他人的特别不一样的看法。分裂样型的人有一种自立感，反映出他们有能力照顾好自己，他们远离他人，因为他们发现人与人的关系是混乱的，为此而付出是不值得的。而分裂型的人的这种自立感是因为他们更愿意活在一个幻想的世界中，他们远离他人的一个主要原因是他们怀疑别人，认为别人不可信任。

特质、类型和人

当你将"十大"类型既看成特质类型，又看成是思维模式，这样就更加发挥了这些分类词汇的作用，即他们能对人进行分析并做出预测。所以，如果你确定某个人的上司是自恋型的人，你就会更好地理解为什么他会让一个回避型的雇员消沉，而惹得一个妄想型的雇员生气。而如果你确定你的一个朋友是表演型的人，你就会更好地理解为什么她在一个巧舌如簧的反社会型的人面前会乖乖听话。

虽然这样很有用，但有一点需要牢记，即"十大"类型不是精确定义的自然类别。例如，有各种各样的自恋型的上司。但不管怎样，如果能够确定某个人是自恋型的，利用我所描述过的特点，你还是能揭示出一些真实信息的。这些信息在后续的观察和分析

描述人格差异
Describing Personality Differences

中或许会得到证实，或许会被推翻。这一点对列表中的其他类型来说也同样如此。

当以这样的方式去看待问题时，那么凭直觉认为一个人可能有某种问题或属于某个类型是很有用的。你可以以此为一个出发点，去思考此人在"大五"人格特质上的表现。以自恋为例，它可能会使你首先去考虑低宜人性的各层面。如果你的直觉得到了证实，那么责任心或许会成为你第二个要加以考虑的方面：高责任心会使自恋型的人获得很大的成就，但低责任心则会使他们走向反社会之路。在神经质、开放性和外向性方面的得分也会以多种方式改变这一类型的人的情况。所以，基于最初对某个人的直觉来构建关于此人的"大五"人格，比没有进行假设而单纯地对照特质表要更为有效。

当你学会同时根据特质和类型去思考人时，你不仅会将其看得更为清晰，而且你会逐渐意识到人们的性格是如此的丰富多样。这就产生了一个问题，多样性的根源在哪里，这就是我在下一章中所要论述的内容。

有问题的人格类型
Troublesome Patterns

注　释

1. 美国心理治疗协会（2004）。
2. 我选用 Compulsive 这个词，而不用 Obsessive-Compulsive 这个词（DSM 第四版中的用词），它是第三版 DSM（DSM-III）中对这种类型的命名，是为了与心理疾病强迫症（Obsessive-Compulsive Disorder，DCD）相区别。OCD 指会导致明显不适或重要功能障碍以及人自身能意识到的过度或不合理的反复的强迫性想法。与此不同，强迫型人格类型的人对他们能遵守规则、追求完美和控制引以为豪。尽管有些人既患有 OCD 也是明显的强迫型人格类型，但这些是不同的概念，他们之间没有任何交叉（Mataix-Cols[2001]；Miguel 等 [2005]；Samuel 等 [2000]）。
3. 美国心理治疗协会目前正在修订 DSM 的第五版，第五版将会对这些人格类型和人格障碍的描述进行一些修正（Holden，2010）。
4. 大部分研究者现在都一致认为这些人格类型在表现上存在很大的个体差异，因而他们不是定义非常精确的类别。关于这一点的讨论，可参见 Livesley 等（1993）、Livesley（2001，2007）以及 Skodol 等（2005）的有关研究。但其他研究者，如 Weston 等（2006）认为，这些原型意义上的类型仍然是对人进行思考并与他人谈论别人的一种很有用的方式。Spitzer 等（2008）发现，临床心理治疗师认为，采用原型意义上的类型比使用维度特质在确定人的人格时更为方便。
5. Oldman 和 Morris（1995）认为，"很像高血压表示吃得太好，人格障碍只不过是正常人类型的极端化，而正常人的类型是我们所有的人格的基础。"他们称这些类型为适应性的人格，并且对它们命名如下：冒险型的（反社会型的）、敏感型的（回避型的）、灵活型的（边缘型的）、勤恳型的（强迫型的）、奉献型的（依恋型的）、激情型的（表演型的）、自信型的（自恋型的）、警惕型的（妄想型的）、遁世型的（精神分裂样型的）以及特异型的（精神分裂型的）。

6 由 Costa 和 Widiger（2002）编辑、多位作者合作写就的书中，对采用"大五"各层面上的评分来描述人格类型的例子进行了总结。也可参见 Reynolds 和 Clark（2001），Lynam 和 Widiger（2001），Widiger 和 Samuel（2005），Widiger 和 Trull（2007）。在 Widiger 和 Mullins-Sweatt（2009）的书中有一张表格（p.200），总结了"十大"类型在"大五"各层面上的得分情况。

7 Bobby Fischer 的大话被 Chun（2002）所引用。

8 Marilyn 的回忆录被 Steinem（1986）所引用。

9 Maccoby（2003）强调，有远见的领导者身上普遍具有他称之为"富有建设性的自恋现象"。

10 Nader（2002）。

11 Chamberlain（2004）。

12 Dickinson 和 Pincus（2003）；Cain 等（2008）；以及 Miller 等（2008）强调了沾沾自喜的自恋和不堪一击的自恋之间的差别。

13 Hare（1993）将变态心理量表诊断出的心理变态者和 DSM-IV 中所描述的反社会者进行了区分。Stout（2005）使用的是 sociopath（反社会）这个词。Millon 等（2002）对这个词多样的用法及其意义的演变进行了历史综述。

14 Hare（1993）。

15 Cresswell 和 Thomas（2009）。

16 作为民事案件中的赔偿的一部分，辛普森的书成了高德曼家族的财产，后者在出版这本书的时候进行了修订，加上了一个副标题"一个杀人犯的自白"（Goldman family，2007）。

17 Hare（1993）。

18 Grant 等（2004）。

19 同上。

20 Millon（2004）。

21 Shawn（2007）。

22 Kreisman 和 Strauss（1989）。

23 Grant 等（2008）。

24 Millon（2004）。

25 Oldman 和 Morris（1995）。

26 贝克等（2004），贝克等（2001）。Morf（2006）也强调，在了解一个人的人格时，着意理解这个人对自我和对他人看法的重要性。

27 想要更为详细地了解对自我和他人看法的综述，参见贝克等（2004），特别是 pp.48-49 的表格；也可参见贝克等（2001）。

第二部分

解释人格差异

每一个夜晚，每一个清晨
有人生来就为不幸伤神
每一个清晨，每一个夜晚
有人生来就被幸福拥抱

——威廉·布莱克《天真之歌》

3

基因如何使我们各不相同

在思考我在上一章所描述过的一系列人物时,你可能会感到困惑:他们怎么会如此不一样呢?如果你和其他很多人一样,或许你会认为,这些人的人格类型主要是由于社会环境和养育方式的不同造成的。但也有可能你会想到另一种现在越来越流行的解释,那就是基因。

媒体报道中有大量涉及人格基因学方面的内容,这表明人们对决定人格的基因越来越感兴趣。以下文字摘自《纽约时报》专栏,它谈及了与刺激寻求有关的基因:

> 乔森·达拉斯以前曾认为,爱冒险——爱好越野滑雪、山

解释人格差异
Explaining Personality Differences

地越野和赛车——是他的"一种人格特点"。后来他听说,弗莱德哈奇森癌症研究中心的科学家将爱冒险的老鼠与某个基因联系了起来。与其他簇拥在安全地方的老鼠不同,缺乏该基因的老鼠在一根没有任何保护的钢梁上跳跃。现在这位西雅图的大厨达拉斯先生相信,他天生就具有冒险的基因。研究者认为这个结论是有依据的,因为人类基因中与此相类似的变异可以解释为何人们对危险的觉知存在显著的不同。"这是源自你的血液",达拉斯先生说,"你听别人这么说过,但现在你知道的确是这样的。"[1]

我觉得这个报道很特别,因为乔森·达拉斯如此轻易就接受了这样的观点,认为影响老鼠性格的这一基因也可能会对他有所影响。尽管没有任何证据表明此项研究中的该基因[2]——神经元D_2与他喜欢刺激有关,达拉斯还是将两者联系了起来,因为广泛发表的研究结果表明:事实上,老鼠的基因和人类的基因、老鼠的大脑和人类的大脑有着非常密切的关系。毋庸置疑,老鼠和人类之间也有非常不一样的地方。但就像我在本章中所要说明的,达拉斯的确有理由相信他爱冒险是有基因基础的,尽管神经元D_2可能与冒险一点关系都没有。

有些人格特质是天生的，这样的观点一点都不新鲜。令人感到新鲜的是，我们对基因发挥作用的程度和本质的理解越来越深刻。在本章中，我将带领你更深入地去思考基因在我们人格形成中的作用，而不只是模糊地知道基因会影响人格。

心理学的一个新基础

查尔斯·达尔文彻底改变了我们对人格差异起源的认识，但他最初对这个主题并没有特别的兴趣，他对一个更为宏大的主题，即所有生物间所有差异的起源感兴趣。在寻找答案的过程中，家养动物的繁育使他深受启发。

尤其是狗，我们从它身上获悉了很多。达尔文时代的人就已经知道，灰狗（大型赛犬）和西班牙猎狗这样的不同品种其实同出于一个祖先。达尔文也明白，物种的选择性繁育取决于可遗传特质从双亲到幼崽的传递，新繁育的品种是由"精心选择具有所需特点的个体"而产生的。而且，产生迥然不同的物种是一个逐渐的过程，是由每一个小小的进步累积而成的。正如达尔文1859

解释人格差异
Explaining Personality Differences

年在《物种起源》一书中所解释的那样：

> 当比较诸多不同品种的狗时，我们发现，每一个品种都在不同的方面对人类有帮助……我们不能假设所有的品种都是突然就如我们现在所见的那样完美，那样有用。事实上，在很多情况下，我们知道历史并不是这样的。关键在于人类有累积性选择能力，即自然产生连续的变异，然后人类以对己有利的方式累加这种变异。从这种意义上讲，人类是在为自己创造有用的物种[3]。

一旦达尔文意识到狗的新品种的产生取决于养育者对可遗传变异的选择，他突然明白了大自然其实也在做同样的事：大自然选择那些可遗传的变异（基因自动进行改良，如今称之为变异），即那些在自然界中有优势的部分。大自然的这一选择过程能确保所需要的变异代代相传，最后这些变异就变成物种的稳定特质了。

钠/钾/钙交换剂5（$SLC_{24}A_5$）就是一个很好的基因变异的例子，它控制黑色素的沉淀。这个变异之所以有趣，在于它能引起人类肤色的显著变化，从黑到白。在烈日炎炎的非洲，黑皮肤更好，它能阻挡有害的紫外线，同时还能让足够的紫外线穿透皮肤促进皮肤产生维他命 D。这就是为什么非洲本土人都有能产生许多黑色素的 SLC$_{24}$A$_5$ 基因。但在远离赤道，阳光稀少的地区，不能激活这种基因的变异[4]产生了，因为由此而变白皙的皮肤才能让更多有限的阳光穿透，从而制造出维他命 D。[5]正如人类的很多其他差异的演变，这一变异也是经由偶然的 DNA 变异和基于对特定环境条件的适应而发生的自然选择。

达尔文并没有为此提供一个有说服力的解释。但这并不影响他将这一想法从生物学扩展到心理学。他很清楚，选择性繁殖不仅影响到外表特征，而且也会影响到行为特征。例如，繁育者不仅从体形和大小上挑选狗，而且也对它们的放牧或定位等能力以及与人相处融洽或具有攻击性等性格特点进行选择。所以，对行为特征的自然选择为何就不能增强生物的适应性呢？在《物种起源》的结尾，达尔文非常坚信这一点，他预测"在不远的将来……心理学将有一个新的基础，即每一种必要的心理能力的获得都是一个逐渐的过程。"用现代的语言来说，达尔文预测，有一天我们对心理学的认识将依赖于对影响行为的基因变异的认识。

但达尔文最初不愿意将这个预测由动物推及到人类。人类的外表特征说明其起源于动物，仅这一点足以让他深陷麻烦之中。

他更愿在一段时间后让别人去研究人类心理学。

大自然所做的实验

第一个接受这一挑战的人是达尔文的表弟弗朗西斯·高尔顿，此人你在第1章中已有所了解，他愿意将这一研究进一步向前推进。在高尔顿看来，如果一个物种的行为特征能遗传下来，那么人与人之间的行为差异——我们独特的智力能力和性格特质——或许也是遗传的。

高尔顿早就对人类在智力和性格上的不同感兴趣了。作为一个对自己的智力和成就引以为豪的早慧儿童，他很早就认为他和查尔斯·达尔文是从他们共同的亲人著名的医生和科学家艾拉斯姆斯·达尔文（他是达尔文的祖父，高尔顿的外祖父）那里继承了特别的天赋。但高尔顿也意识到，他的家人也为其提供了良好的教养环境，使他处于一个"普通人家的孩子不太可能获得的、更加适合成长的环境"[6]中，从而促进了他所遗传的天赋。那么，他的才华是因为优越的遗传还是优越的教养环境呢？

基因如何使我们各不相同
How Genes Make Us Different

  为了回答这个问题,高尔顿对双胞胎这一自然界的实验进行了研究。高尔顿知道有些双胞胎看上去非常相像,他们或许在基因上是相同的,而有些双胞胎则如不同时间出生的兄弟姐妹一般。由于同卵双生子和异卵双生子通常由父母一起抚养,每对双胞胎的养育环境是相同的。所以,如果他发现同卵双生子的行为比同性别的异卵双生子更为一致的话,就能支持其直觉,即基因上的更相似会导致行为上的更相似。

  1875年,高尔顿在报告中指出,与20对异卵双生子相比,30对同卵双生子在行为上表现出了更多的相似性,他认为这是对遗传的重要性的支持。在"以双胞胎作为标准来比较天性与教养力量的历史"这篇文章中,高尔顿说,"不可否认,天性的力量明显超过教养。"[7] 他对收养儿童的观察也支持了这个结论。尽管养父母有很高天赋,为了孩子的成长提供的环境也更为优越,但其收养的孩子后来并未表现出比普通孩子更有才华[8]。这是第一次使用一种自然实验法(收养)来评估遗传和教养的作用。

  尽管高尔顿的研究方法很原始,但他的研究结果足以让其反对者们信服。正如达尔文在研究了高尔顿的一些出版物之后,给他写信时提到的那样,"我一生都没有读过比这更为有趣和富有独到见解的内容了——你是那么清晰明了地表达了每个观点！……在某种意义上讲，你改变了我。因为我以前一直认为，除了傻子，人和人在智力上没有多大差别，只是在生命的热忱和努力工作上存在差异。"[9]尽管达尔文对高尔顿的赞赏在那个时代并未被大家公认，但它被之后运用高尔顿的方法所进行的更有说服力的研究所证实。

我们的人格差异有多少是遗传的

对高尔顿的研究而言，最大的困境在于他不知道如何测量人格差异。他在对双生子的研究中曾努力尝试客观性的测评，但他痛苦地发现他的方法不是特别好。屡屡受挫之后，高尔顿将注意力转到了身高的遗传上，这是他可以精确测量的。他研究了父母身高和孩子身高之间的关系，这些研究使得他得出了我之前提过的一个计算相关的公式，该公式后来又有所改动，被用于"大五"人格测验的开发中。

"大五"人格测验正是高尔顿所期待的，现在这些测验通常被

基因如何使我们各不相同
How Genes Make Us Different

用来测查基因对同卵双生子和异卵双生子人格的影响。在一个具有代表性的研究中,每对双胞胎都接受"大五"人格测验,将其得分与其他双胞胎的得分进行比较。假如基因对"大五"人格特质有影响,那么双胞胎的得分应该有某种程度的相似。但基因100%相同的同卵双生子(因为他们来自同一个受精卵,受孕后分裂成两个),其相似性应该是基因有50%相同的同性异卵双生子(来自两个受精卵细胞)的两倍。

研究者们所发现的结果正是这样。例如,在一项包含数百双生子被试的研究中,异卵双生子在外向性得分上的平均相关系数约是0.23(从0到1的量度上)。相比之下,同卵双生子之间的相关系数是他们的两倍,即0.48。相关系数的差异(0.48 - 0.23 = 0.25)反映的是基因完全相同(同卵双生子)和一半基因相同(异卵双生子)之间的差异。因此,这一差异只测量了相同基因的50%的效应。为了计算全部的影响,也就是基因学家所说的遗传力,应该将0.25乘以2,为0.5或者50%。[10] 研究也发现宜人性、责任心、神经质和开放性的遗传力接近50%。[11]

人格特质的确具有一定遗传力的证据首次公开之后,批评人士就同卵双生子之间在心理上存在如此大的相似性提出了另

解释人格差异
Explaining Personality Differences

一种解释。他们认为这不完全是基因的作用，或许因为与异卵双生子相比，养育者对待同卵双生子的方式更为一致。幸运的是，我们可以通过自然界的另一个实验来测量共享家庭环境的作用，即研究那些出生后就被分开、在不同的家庭中被养育的同卵双生子。

托马斯·布沙尔与其在明尼苏达大学的同事开展了这类研究[12]。他们追踪了100多对被分开养育的同卵双生子，劝说他们自愿参加为期一周的心理测验。其中很多双生子是在非常不同的环境中养育的，有些生活在不同的国家和文化中，他们的重聚吸引了媒体的大量关注。

对高尔顿来说，有一对英国同卵双生姐妹特别有趣，因为她们涉及高尔顿一直感到困惑的社会特权问题。这对双胞胎中的一个是在上流社会的家庭中成长的，她上的是私立学校，说话很有教养；另一个是在社会底层的家庭中成长的，16岁就辍学。她就像电影《窈窕淑女》中的卖花女伊莉莎·多莉特在遇到（语言学教授）亨利·希金斯之前一样，言语粗俗。然而，她们的测验分数却非常相似。其他的双胞胎之间也是这样。正如布沙尔所总结的那样，"在关于人格特征、气质、职业和业余兴趣以及社会态度方面的大量测量中,被分开养育的同卵双生子之间的相似性和一起养育的同卵双生子的相似性几乎相同。"[13] 这些以及其他的家庭研究和收养研究都支持一个结论:人格特点在很大程度上是可遗传的[14]。

同卵双生子的研究还告诉我们一些不可忽视的信息,这些研究挑战了一个假设,即一起被养育所共享的家庭环境是导致同卵双生子相似性的部分原因。假如真是如此,一起养育的同卵双生子的分数应该比那些分开养育的双生子的得分要更为接近。但正如布沙尔所指出的那样,事实并非如此[15]。基因上没有任何关联、但在同一个家庭中被养育的收养儿童的得分也表明,共享环境没有产生作用[16]。

共享家庭环境对我们所测量的人格没有影响,并不意味着父母就如同家具摆设一样不发挥作用。研究表明,父母的确具有一定影响,但这种影响是通过父母和每个孩子,包括和双胞胎中的每一个孩子之间的独特关系来传递的[17]。这些研究还表明,环境对人格的影响大多不能明确地归因于家庭成员间的互动[18]。

解释人格差异
Explaining Personality Differences

多少种基因变异塑造人格特质

现在我们已经知道基因的确对人格差异有很大的影响，但基因是怎么影响人格的呢？为了回答这个问题，有必要回顾一下有关人类基因的几个事实。

人类的基因总数是极少的，大约是两万个。每个基因都是由构成 DNA 的四大化学结构——腺嘌呤（A）、胞嘧啶（C）、鸟嘌呤（G）、胸腺嘧啶（T）——按照特定排列顺序（如 AGACTCAAG）所组成的长链，这个长链包含有制造特定蛋白质的指令信息。每个蛋白质与其他的蛋白质相互作用，从而构建并维系了我们。为什么这么少的基因就足以完成这么复杂的任务呢？一个主要的原因就在于基因的各种组合会共同起作用，从而控制我们的生理和心理机制。而且，每个基因和蛋白质的活动都会对很多其他基因和蛋白质的活动产生影响。

基因相互作用的一种主要方式是传递或阻止基因之间的活动。为了实现这一点，每个基因都有一段特别的 DNA，称之为基因启动子，它起到调节器的作用，能控制基因所制造的蛋白质的量。这个调节器依据内在和环境信号，调控其他区域内 DNA 的信息开

基因如何使我们各不相同
How Genes Make Us Different

大或关小。这个过程被称为对基因表达的调节[19]，即对那些塑造我们身体和心理的蛋白质的量进行调节。

对不同细胞中各种基因的表达进行调节，有助于解释为何只有两万个基因就能有这么多的复杂变化，但这还不能解释我们的遗传差异。这些差异需要由累积到人类集体基因组合（称之为人类基因组）中的基因变异来进行解释，基因变异指的就是DNA中基础成分的排列顺序或其所调节区域内的DNA的改变。这些因随机变异而产生的DNA结构的变化，可能会引发某个特定蛋白质的结构发生改变或其对身体的功能产生重大变化。有些变异，如那些影响皮肤颜色的变异，在成千上亿的人身上发生。而有些变异则很少见。那些遗传到我们每个人的各种基因变异的综合作用（我们从人类基因组中所做的个人选择），决定了我们在基因上的独特性。

但并不是所有的基因变异都像控制人类皮肤颜色的少数基因那样能起到重要和明显的作用。例如，有好几百个不同的基因[20]会影响到人类的身高，大约有80%的基因会在营养良好的人群中得到遗传，其中每个基因都只起很小的作用。同样，特别容易遗传的人格特质也是如此。

解释人格差异
Explaining Personality Differences

对老鼠的选择性繁殖为我们提供了令人信服的证据，它说明性格特质反映的是多种基因变异的联合作用。一个著名的例子就是，约翰·德弗莱斯对老鼠的一个看似简单的特质（具有一种探索不熟悉、可能存在危险的领地的倾向）所进行的经典研究[21]。这一特质与"大五"人格中的刺激寻求和焦虑都有关系，高刺激寻求可能会增强进行探索的可能性，而高焦虑就会抑制进行探索。这两点会共同影响到冒险这一性格特质，而冒险正是乔森·达拉斯性格中非常可贵的部分。

为了做这个实验，德弗莱斯随机选取了10窝老鼠，在一个很明亮的大箱子（我们称之为开放领地）里观察它们的行为。老鼠更喜欢微弱的光线和狭窄的空间，但也存在个体差异。有些老鼠缩在这片开放领地里，就像车前灯照射下的小鹿（那样紧张），而有些则到处嗅嗅，进行探索。用电子探头对每个老鼠的行为进行测量，记录每个老鼠在6分钟内所移动的总距离。德弗莱斯在记录下最初10窝老鼠的成绩后，他选择性地培育了处于两个极端的老鼠。他首先把每窝里最活跃的雌老鼠和雄老鼠进行配对，它们就是称之为无畏组（F）的祖先。他还对最不活跃的老鼠进行配对，它们是称之为焦虑组（A）的祖先。之后，德弗莱斯又

基因如何使我们各不相同
How Genes Make Us Different

选取了另外 10 窝老鼠，随机进行雌雄配对，成为控制组的祖先。在每一代中，他都重复这一过程。因为老鼠的孕期只需要 3 周，小老鼠性成熟大约需要 3 个月，所以，他在 10 年间能培育和评估 30 代的老鼠。

结果是非常令人吃惊的。经过 30 代，无畏组的成员一般都能在开放的领地里自由漫步。与之相反，焦虑组的成员则通常挤在箱子的一个角落里。控制组的成员保持了其最初就表现出的中等探索水平，并且历经 30 代未有什么改变。

另一个显著的发现是，这两组老鼠的分化是逐渐的、代代递增的。将无畏组在开放领地的行为绘成图表，它看上去就像是一个长期的增长股，在 10 年的时间内一年比一年递增。与之相反，焦虑组的图看上去就像是没落产业中一个不景气公司的股票，持续下降直至降到 0 点附近。这种逐渐变化的方式有两层含义：很多基因的变异共同影响这种性格特点；随着在每一代中所选择的相关基因的变异程度的增加，其引起的行为效应也持续递增。对不同组老鼠的[22] DNA 的直接分析也证实了以上这些结论[23]。

解释人格差异
Explaining Personality Differences

基因学的思考与基因学的试验

正当行为科学家不断积累证据，证实众多基因变异共同影响人格的差异时，基因学家们则忙于破译人类和老鼠基因中全部DNA的顺序，以及共同的基因变异的结构。这种破译能为找到影响人类和老鼠性格特质的全部变异的基因提供基础，但这种大范围的基因组研究所取得的进展非常缓慢[24]。

因不满于所取得的极为有限的成功，一部分研究者采取了一种更有重点的研究方式。这一研究方式是基于这样一种认识，即百忧解和利他灵这样的药物会通过影响大脑5-羟色胺或多巴胺的活动影响性格。这就增加了这样一种可能性，即基因中控制大脑5-羟色胺或多巴胺特定活动的可遗传的变异或许是造成可遗传的人格差异的原因。为了弄清楚这一点，研究者们检验了好几十种这类基因变异，想要发现它们是否和人格测验得分相关。

他们所检验的所有基因都会影响到大脑的情绪通路。其中，研究最多的是称之为SERT的基因，它之所以被挑选出来，是因为它能制造运输5-羟色胺的蛋白质，这种蛋白质是百忧解的目标。SERT蛋白质从那些因受惊吓而被激活的神经细胞周围的液体中将

5-羟色胺运输出来，这样 5-羟色胺就又能被使用了。通过控制这些神经细胞周围的 5-羟色胺的量，SERT 蛋白质就会影响到情绪反应的强度。因此，人们很容易就想到，SERT 基因的变异可能会影响到那些能控制如无畏等性格特点的大脑通路的启动。

为了发现 SERT 基因是否影响性格，研究者们集中研究了两个常见的变异，其中一个有很长的基因启动子，而另一个则有一个短的基因启动子。有几项研究已经发现，长的基因启动子能制造更多的 SERT 蛋白质，因而有两个长启动子基因的人群在神经质上的平均得分要稍低些[25]。而且，脑成像研究显示，如果给这些人看骇人的图片，他们的杏仁核（大脑中加工恐惧情绪的脑结构）的激活程度较低[26]。综合来看，以上研究表明，SERT 蛋白质在量上的差异能部分（虽然只是很小的一部分）解释人们在是否容易出现恐惧这一方面的差异。

在对另外一个基因——DRD$_4$ 的研究中也得到了类似的结论，DRD$_4$ 是多巴胺的受体。科学家对这个基因进行研究，是因为利他灵和安非他明是通过释放多巴胺来激发行为的，而多巴胺会激活它的受体。研究者们发现，拥有不同 DRD$_4$ 变异的各组人在容易受到多巴胺影响的特质，如追求新奇和冲动性上的平均得分也很不一样²⁷。这再次证明，这些人格特质的差异只有很小一部分是由基因变异引起的²⁸。

所以，千万不要立即就冲向离你最近的DNA测验服务机构去检查你的SERT和DRD₄基因：它们只是成千上万个共同影响人格的基因中的两个例子²⁹，有时这种影响是出乎意料的³⁰。尽管一些新技术，如对某个人的DNA进行排序³¹，最终都会被用于寻找某些会对特质产生影响的基因变异，但是，如果想要确定哪些基因共同塑造出某种特定的人格，依然还是非常困难的。

然而，直到目前，这些基因测试还未被证明是有用的，但这也并不意味着你就可以不考虑基因。当我们努力想去了解某一个人时，记住以下这点是很有帮助的，即一个人基因变异的特定组合会对其人格有实实在在的影响。而且我们清楚地知道，这么多的变异是从何而来的。

多样性的深层根源

我们认为人类基因组中有很多变异累积，这是基于达尔文的重要观点——自然界的优胜劣汰。举例来说，一个持续的环境因素，如相对少的阳光照射量，对基因变异一直发挥着选择性的力量，最终使得北欧人的肤色较白。但达尔文也意识到环境随进化过程而不断变化，它会选择那些能适应不同条件的变异，其中就有影响人格的基因变异。

要想更好地理解我所说的这一切，你可以考虑一下哪些环境对控制老鼠在开放地带行为的基因变异有影响。在有很多猎捕者的危险区域，那些偏向谨慎小心的基因变异会被选择，因为携带这类基因的老鼠更有可能活得长久并繁殖出后代。但当猫不在附近时老鼠就会猖狂。在那些安全的环境下，偏好探险的基因变异会被选择，因为携带这类基因的老鼠或许能找到更多的食物和更多的交配对象。环境交替的变换可能导致这两种变异在群体的基因组中都有所保留。而且，其中的很多基因变异会随着物种的进化而保留下来。这就解释了为什么在祖先身上出现的某些基因变异会一代代传递给你我[32]。

猎捕者并不是对可遗传的人类人格特质进行选择的最为重要的工具，人类自己才是选择者。我们人类互相依赖并彼此竞争，人类在互动中使用的策略都有得有失。这些变化着的社会环境决

解释人格差异
Explaining Personality Differences

定了我们在众多能影响人类人格的基因变异之间做出选择[33]。

所以,当我们用"大五"人格去思考人时,要记住在任何一个维度上的高分或低分都有利有弊,这是很有帮助的[34]。例如,在外向性上得分高的人喜欢和他人密切交往,喜欢有机会承担要职。研究表明,像比尔·克林顿这样的人会有很多的性伴侣,在一个不节育的世界里,这就会导致生出更多的孩子——这是达尔文关于适应特质的一个黄金标准。但太过密切的关系会带来相应的风险;担当要职也会遭致嫉妒和反叛;而高刺激寻求会更容易发生事故,更容易牵扯进犯罪,被逮捕,甚至被对手杀掉。所以,高外向性对人来说亦喜亦忧。

高宜人性也是如此。通过促进合作,宜人性有助于人们组建联盟,这样能网罗资源谋求共同利益,抵御竞争对手。但高宜人性的不利之处在于它增加了被利用的可能性。而不容易相处的人更有可能为自己和自己的信仰而战。研究表明,在宜人性上得分高的人一般挣钱少,尽管他们在团队中受到尊重。而那些在宜人性上得分低的人更有可能达到事业的巅峰。

高责任性的人通常会有大作为,这得益于他们有目的、能自我控制和长远计划。但高责任性也有潜在的不利之处，即强迫性地追求完美主义，以及在面对变化的情境时不能放弃久已成形的陈规。高责任性的人常常着眼于长远，可能不太善于把握机会，他们通常有较少的性伴侣，较少的孩子，其基因也较少得以传递。另一方面，他们的孩子更有可能得益于有这样尽心尽力的父母。

似乎只有高神经质没什么可称道之处，因为它有可能导致你经历更多痛苦的负面情绪。但我们生活的这个世界是一个危险的地方，所以，如果控制得好的话，像恐惧、悲伤之类的情绪就会是适应性的。研究表明，高神经质与某些人的高成就和创造性有关，这些人的其他特质能防止他们持续处于悲伤情绪之中。西格蒙德·弗洛伊德就是一个例子，他在神经质上得分很高。

很多人认为高神经质总是不好的，与这一观点相对，读本书的大部分人会认为高开放性完全是好的。这是因为开放性的人好奇心重，对新奇的想法感兴趣。但是，低开放性的人则乐于享受稳定和传统。

当然，在某一特质上的特定得分各有利弊，这并不意味着我们有意选择了我们的特质。我之所以要指出它们在各种社会环境下相应的利弊，目的就在于我想要帮助你理解为什么影响这些特质的基因变异能够在人类基因组中得以保留。而且，对某一特质有影响的基因被选择，很可能是为了平衡其他特质。例如，我们很容易就可以想象，选择高外向性的基因变异的环境，或许已经通过某种机制同时也选择高责任性的基因变异，并以此来平衡上述基因的某些影响。

这种选择性力量所起到的平衡作用，或许也控制了整体人口中可遗传的人格特质中各种表现型以何种比例出现[35]，以高宜人性或低宜人性的人数比例为例，在一个几乎人人都是高宜人性的群体中，极少数反社会的人（低宜人性的人）就会发现，偷窃热心肠的邻居相对比较容易。偷窃来的资源使得这些反社会的人能养育更多的孩子；反过来，这些孩子也继承了低宜人性的基因。但当反社会的人数增加，他们的那些高宜人性邻居们就会联合起来，开始抵御以保护自己的资源，于是增长的势头就逆转。当这两种力量经过很多代，终于达到一种稳定的均衡状态时，最后的结果可能是出现这样一个群体：有一小部分是很有技巧的反社会的人，大部分的人则具有高宜人性[36]。

基因如何使我们各不相同
How Genes Make Us Different

如此看待人格差异的意义

人类心理上的差异反映了各种自然选择力量之间的冲突，这一认识对了解人意义深远。但是，很多人还是不愿接受这个观点，因为它使我们要直面我们的原始动物本能。达尔文本人也曾为自己的发现中蕴含的这一看似反人类的意义而挣扎过。但不管怎样，由于无法对自然选择的证据置若罔闻，所以，他最终还是认为进化是令人敬畏的。正如其《物种起源》一书中最后的一句著名的论断所阐释的那样，"如此看待生命，生命是壮观的……从如此简单的形式开始，不断进化成或正在进化成绝无仅有的最为美丽和最精彩的生命。"

我之所以能意识到基因变异的自然选择在人格差异上所发挥的作用，正是基于达尔文如此看待生命进化的启示。正如我将在下一章所讲述的那样，它为我们开启了一条道路，使我们更深入地去分析每个人逐渐发展成一个独特个体的数十年的历程。

注　释

1. Harmon（2006）。
2. Ince-Duncan 等（2006）。
3. 达尔文（1859），第 1 章。
4. Lamason 等（2005）。但是，$SLC_{24}A_5$ 并不是唯一一种控制皮肤色素沉淀的基因。Sturm（2009）总结了对皮肤色素沉淀有影响的其他一些基因变异的最新信息，这些基因对黑色素的形成和显现会产生各种影响。有证据证实，它们至少在一定程度上受日光照射的影响，东亚人、欧洲人和西非人对色素沉淀基因都进行了独立的选择。
5. Jablonski 和 Chapin（2000）。
6. Galton（1865），引自 Gillham（2001），p.156。
7. Galton（1875），引自 Gillham（2001），p.194。
8. Gillham（2001），p.161。
9. 1869 年 12 月 3 日查尔斯·达尔文写给弗朗西斯·高尔顿的信，引自 Gillham（2001），p.169。
10. Plomin 等（2008）是这样定义遗传力的，遗传力用以表达"人群中某一特质的个体差异在何种程度上可以被个体的基因差异所解释"（p.82）。他们给出了一些研究案例，这些研究将同卵双生和异卵双生子的"大五"人格分数进行了比较，并且讨论了如何根据双生子研究和其他研究所得来的数据来计算和诠释遗传力。
11. Yamagata 等（2006）以及 McCrae 和 Costa（1997）。Riemann 等人（1997）的研究发现有更高的遗传力。在他的这项研究中，双胞胎的每个人都做一份自我评价问卷，并且再由两个同伴分别对其进行评测。然后将结果合在一起，得出累加的"大五"人格分数，这些人格分数可以用来计算遗传力。作者由此得出结论,认为利用三个观察者所得的数据比用一个观察者——自己或同伴所得的数据更有利于对遗传力进行评估。间隔3年或3年以上多次对双胞胎进行人格测验也同样会增加结果的准确性,并且更为确切地显示出它比仅用单一测量方法所得的遗传力更高(Lyken,2007)。对个体"大五"人格各层面的研究都显示出了高遗传力(Jang等,1996,1998)。

12 Bouchard 等(1990)。

13 同上。

14 我们从双亲那里各继承一半的基因并不意味着我们直接继承了双亲一半的人格。遗传力测量的是所研究整体的基因对个体差异的影响。但遗传力并不能告诉我们相关的基因和环境对具体某个人(如 Jason Dallas)的某一人格特质(如高刺激寻求)的影响。虽然我们不能具体到某个具体例子中的诸多细节,但这些研究都会使我们了解更多基因对我们个人倾向的总体影响。

15 Bouchard 等(1990),以及 Bouchard(1994)。

16 Harris(1998,2006)已经写过两本书,内容有关共享家庭环境对人格的诸多层面无法产生影响以及此发现所带来的启示的书。

17 Plomin 和他的同事们(Plomin and Daniels[1987],Dunn 和 Plomin[1991],Plomin 等[2001])对家庭成员间的互动进行研究,这种互动或许能部分解释兄弟姐妹之间在人格上的差异。双亲中的某一位与家庭中某个孩子之间的独特互动可以归结于他们两个各自天生的特质倾向。

18 Turkheimer 和 Waldron(2000)已经强调了在确定那些对人格有影响的"非共享"环境因素(与之相对的是那些在同一家庭被养育的人所能共享的环境因素)所存在的困难。这些因素很难被确认,其中一个原因是,很多因素都是偶发事件或个人遭遇。在第4章,我指出生物过程中偶发事件的效应，比如神经元在大脑序列上的移动以及 DNA 的次生变化都会影响到人格。这些生物过程中的偶发效应也包含在非共享环境这一类别下。

19 有关基因表达的新调节机制的研究还在进行中。有些调节是由称之为专门的转录因素的蛋白质来完成；有些则由称之为促进因子（促进因子距离基因不像启动因子那样近）的 DNA 区域完成；有些则由另一种核酸 RNA 的特定小块完成。

20 Maher（2008）；Visscher 等（2006）；以及 Yang 等（2010）。Weedon 等（2007）已经确定了一种人类基因变异，它能解释人类身高变异的极小部分（0.3%）（一英寸的五分之一）。

21 Defries 等（1978）。

22 Flint and Mott（2008）。俄国科学院细胞学和基因学研究所的 Dimitry Belayev 对经过选择性繁育后的温顺型和攻击型狐狸在基因上的差异进行了类似研究（Trut[1999]；Kukekova 等 [2008]）。对这两种类型狐狸的脑基因表达的研究已经证明它们之间存在很多差异（Linberg 等 [2005]）。

23 这些研究并不表明害怕这一神经回路的启动仅受基因变异控制，总结性的证据表明过往的经历也同样会影响害怕这种反应。而且，这些习得性知识在大脑回路频率上的变化与受基因控制的变化一样持久有效。正如 Ledoux（1998）所指出的那样，这些记忆中有一部分"似乎不可消除，根植进了大脑。他们或许会跟随我们一辈子。"

24 Turri 等（2001）；Willis-Owen 和 Flint（2007）；Flint 和 Mott（2008）。

25 Lesch 等（1996）；Sen 等（2006）；Canli 和 Lesch（2007）；Caspi 等（2010）。

26 Hariri 等（2002，2006）；Munafo，Brown 等（2008）。所得的结果是群体平均值，个体差异显著。也可参见 Oler 等（2010）。

27 Munafo, Yalcin 等（2008）; Schmidt 等（2009）。
28 Holden（2008）; Ebstein（2006），很多其他的基因也是通过这种方式进行研究的。
29 Shifman 等（2008）; Terraciano 等（2010）; Calboli 等（2010）。
30 Lykken 等（1992）。
31 一些生物科技公司正在尽可能少花钱（只需 1 000 美元）的情况下竞相研发一种能分辨一个人 DNA 完整序列的机器（Davies [2010]）。这些公司预期这项研发将在 2013 年完成，届时该项技术就可用以寻找影响人格差异的基因变异。
32 Wolf 等（2007）; Bell（2007）。
33 Buss（1991）; Macdonald（1995）; Buss 和 Greiling（1999）; Nettle（2005，2006）; Penke 等（2007）; Ridley（2003）; Laland 等（2010）。
34 Nettle（2005，2006）综述了针对"大五"人格各维度上高低得分的利弊所进行的研究。
35 Penke 等（2007）。
36 Maynard Smith（1982）对自然选择是如何保持某一特质高低得分间的平衡进行了理论分析。他最为著名的例子是基于博弈理论所提出的，关注一群他称之为鹰族（他们总是为资源争夺而战，即带有攻击性的人）和一群他称之为鸽族（他们从不争斗，即非暴力的成员）的人如何确立各自的相对人数。他发现当鹰族的人稀少时鹰族就会兴盛起来，但当他们在数量上占优势时，就会对别人造成很大的伤害，因而其攻击性的负面影响开始超过它的积极影响。这个过程产生的结果是，鹰族和鸽族的人数比例会稳定下来。一旦稳定，这种平衡就会持续下去，这就是所谓的进化式稳定策略。

4
建立一个个性化的大脑

当我从事心理治疗师工作还是个新手时，我曾得到一位同事的指导，他告诉我他是如何了解一个新来访者的。在第一次见面之初，他会简单地将来访者想象成一个十岁的孩子，这样做的目的是要忽略掉来访者当前的困境，而将此人看成一直没长大。她是一个害羞的人还是受欢迎的人？他是一个小霸王还是一个胆小鬼？

我也觉得这一招很管用，因为这样做立刻就能激发起我的同理心：将任何人想象成一个小孩都会使我心里很温暖。但这样做也使我有一种想要一探究竟的感觉，将某个人想象成一个上学的孩童，这样能刺激我深入了解他们的人格发展情况。

解释人格差异
Explaining Personality Differences

当我在 20 世纪 60 年代学会这一招时，我对人格发展的认识还是仅限于埃里克·埃里克森的理论。埃里克森是研究儿童的心理分析师，他认为我们每个人要从极其依赖他人的婴儿成长为一个能对自己负责的成年人，每个人都会经历一系列特定的阶段。埃里克森非常重视早期阶段，因为他认为童年期会产生特别持久的影响力。正如他在《儿童和社会》一书中所解释的那样：

> 每一个成年人……曾经都是一个小孩。他曾经弱小过。这种弱小的感觉在他的内心形成一种不可根除的根基。他若成功了，他会认为他超越了这种弱小；他若失败了，他会认为这正好印证了他的弱小。成年人内心充斥的是孰强孰弱、谁敢做谁不敢做以及为谁而做之类的问题，这些远远超出了他所能理解和计划的范围，对他来说不必要，也不是他所期望的[1]。

埃里克森的人格观点非常吸引人，因为他提醒我们，儿童期所发生的事件对我们有着持续的影响。但他忽略了两件事：基因和大脑。当埃里克森就个体差异的发展而展开论述的时候，因为对基因变异的影响还知之甚少，所以他认为个体差异主要是由养育方式和生活经历的不同造成的。当他描述由一个阶段到下一个阶段的过渡之时，因为对逐渐成熟的大脑内部发生了什么所知甚少，所以他认

建立一个个性化的大脑
Building a Personal Brain

为这些过渡主要是人对一系列连续的挑战所做出的心理反应。

然而,现在这种情况已经改变了,我们已经对大脑如何在个体基因变异和个体环境的影响下的发育方式有了很多了解。我们不再认为我们只是在用天生的大脑来应对和解决年轻时的各种挑战,我们已经开始意识到,每一个大脑,就如同每张脸,都有它自身特有的构建计划。而且,我们也知道,大脑的构建不是由专业建筑师以系统化的方式制定的,而是每一个大脑都在使用一种图式,在这个图式的驱动下,它在发展的过程中一直不停地依根据基因和环境的变化加以重塑。

这种持续的重塑是有目的的。在二十多年的基本构建过程中,我们以一种开放的态度来对待我们独特的基因和环境间的互动,最终每个人有了一个真正个性化的大脑。在每个人的大脑中都有其独特人格和根深蒂固的成分,它们继续指引着我们的余生。

大脑是自我构建的

成年人的大脑约由 1 000 亿个神经细胞(神经元)构成,其中

解释人格差异
Explaining Personality Differences

大部分是在我们出生前就已经形成了。但并不是所有这些神经元都一同被制造。当受精卵分裂时，它会产生很多原始的神经元，每一个神经元都注定要在我们的大脑中起到特定的作用。通过启动和关闭特定的基因，最初的神经元被赋予了相似的命运，它们选择性地对一些化学信号做出反应，在这些化学信号的指引下，它们游移到指定的地方。当这些神经元达到目的地之后，它们就开始和其他的神经元建立联结，从而形成神经回路和神经网络，这些神经回路和网络是我们所有行为的基础。

为了建立联结，这些神经元就生出我们称之为树突的分支来接收信号，以及我们称之为轴突的分支去发出信号。树突很短，镶嵌有很多的小棘。轴突很长，长到可以和大脑中任何一处的神经元相连，并且会有成群的小神经末梢，即我们所说的扣结，围绕着这些神经元。一个神经元的扣结和另一个神经元的树突在突触中进行信息交换。

当一个神经元的扣结释放一种诸如羟色胺或多巴胺的神经递质到另一个神经元的树突上的棘时，突触就会被激活。神经递质穿过突触，然后与棘上镶嵌着的受体绑定在一起，这样就能将信息传到另一神经元的树突上，这个过程被称之为突触的信息传达或信息传递。

在神经元之间存在很多种突触的信息传递，它们受到从扣结发射到棘的受体上的几十种不同化学神经递质的控制。每个神经元都会产生某种特定的神经递质，并展现出一套独特的受体。所以，每个神经元不仅有一个空间位置（由它在特定大脑回路中的具体位置所决定），同时还有一个化学签名，这由它本身的神经递质和受体所决定。

当一个人出生时，神经元有序排列成神经回路和神经网络，这一复杂过程一直在正常进行着。在婴儿期起作用的神经回路有一部分在杏仁核中，我之前在谈到SERT基因时提到过杏仁核。杏仁核是一个集合器，它包含了一系列整合各种情绪的复杂神经回路。婴儿通过这些稚嫩的神经回路体验到高兴、满足、恐惧、生气和分离的焦虑。在接下来的二十几年里，神经对这些情绪的控制逐渐固定下来，从而对人格的形成产生重要的影响。

神经回路的成熟并不只是靠形成新的突触联结。有用的突触联结会得到加强，无用的则会被废弃。这种选择性的重塑过程同样也适用于神经元。有些神经元成长起来，繁育出更多的分支；

其他的则因细胞死亡（细胞凋亡）这一特定机制而遭毁灭，而细胞死亡是发展过程中所必不可少的。这样的情况大多发生在胎儿期和出生后最初的几年里，但也有一些会延续到青少年期或成年期。

重塑的一个很典型的例子发生在下丘脑的一组神经元中，下丘脑对女性和男性性行为模式的形成有非常重要的作用。在女性胎儿中，这些神经元会死掉，这是建立女性特有的性神经回路发展过程的一部分。但在男性胎儿中，胎儿睾丸里的睾酮会拯救这些即将凋亡的神经元，并促进这些神经元搭建起男性特有的大脑回路[2]。睾酮发生作用的时间很关键。如果它出现在胎儿发育晚期，下丘脑中的重要神经元已经死亡，则大脑就会不可逆转地往女性化方向发展。促发神经元死亡的其他调节器或许也会对行为产生决定性的影响，但没有哪一个如睾酮这样明显。

大脑还可以通过逐渐用髓鞘这类脂肪物质将轴突包裹起来调整其回路。髓鞘就像电线外面能促进电流传导速度的绝缘体。髓鞘化通常是基因控制的神经回路发育过程中的最后一步，也是重要的一步。

尽管我们每个人的大脑中都在运作着这样一个发展过程，但

建立一个个性化的大脑
Building a Personal Brain

我们每个人的大脑却是不同的，因为大脑的结构在细节上会受到每个人基因组中成千上万个基因变异的影响。而且因为神经元的运动和关键基因的表达都在无规律地变化着，所以基因排列过程也会有些许的凌乱。这就是为什么即便是同卵双生子，其大脑也不完全相同[3]。

了解到大脑的构建是一个逐步的过程，你就能明白，为什么想要逆转回去、改变大脑的回路及回路所控制的人格是很困难的。一旦神经元占据了它们的位置，它们就会很好地安顿在那里。一旦它们建立起了有用的联结，这些联结就会保持下来。虽然总会有一丝残存的可变空间，但想要重塑结构就需要付出很大的努力，因为这些结构是历经二十多年的发展才得以确立的。即便我们人类有学习新事物的超常能力，也不能轻易改变这种已定的模式。这一点对受基因影响的那些模式来说是如此，对那些在大脑发育关键期内由个体环境所塑造的模式也是如此。

脑发育的关键期

关键期如同一扇窗户，在此期间，某些大脑回路会对重要的环境信息保持开放。这种信息接收之后，就会持续性地塑造回路[4]。一旦回路形成，这扇窗户就关上了。

关于关键期的最著名的例子来自于康拉德·洛伦兹（Konrad Lorenz）对幼鹅行为的研究。洛伦兹发现，每个幼鹅都会注意到它孵出来后所见的第一个移动的生物——通常是它的母亲。这个信息立刻就会印刻进它的大脑，于是它就会和其他的小鹅一起，排成一队，跟随在自己妈妈的身后。但如果母鹅在幼鹅破壳时不在场，取而代之以其他的移动生物——比如洛伦兹自己——这些小鹅就会对洛伦兹产生印刻。这一结果被定格在了一群小鹅宝宝跟在这个大胡子科学家身后的照片中。

另一个大家熟悉的例子是雄性鸣鸟如何学会发声，它同样也涉及社会互动。在这个例子中，大脑发育的关键期不只限于孵化出来后的那几分钟，而是会持续几个月。期间，每个雄性幼鸟通过不断与雄性成年鸟的复杂歌声相唱和，从而形成自己简单而特有的歌声[5]。如果在这个关键期内没有得到这类教导，小鸟就永远都不会像成年大鸟那样歌唱。

小鹅和鸣鸟的关键期为它们提供了一个机会，在此期间它们

建立一个个性化的大脑
Building a Personal Brain

学会整合对各自的物种有独特价值的重要环境信息。对人类而言，一个明显的例子就是语言的学习，它是在一个持续十多年的关键期中发展起来的[6]。在这个关键期内，儿童不仅仅学会了他们的母语，他们还学会了与其一起成长的其他人的口音，尤其是同伴的口音[7]。当这个关键期结束后，就很难说得很地道了。这就是为什么像亨利·基辛格这样的移民在少年时学习英语，说话时会有外来口音。即使是移民到其他地方，我们的母语口音也可以被分辨出来：在加州生活了四十年也没能消除我的纽约口音。

尽管研究者已对大脑发育的关键期研究了很多年，但我们对关键期的数量和关键期是如何结束的都知之甚少。但有一点很清楚：某些大脑回路是在特定的时期建立起来的，而且这些特征会持久保留下来。对人格的很多层面来说，其发展也有类似的过程。

我的孩子会是什么样

尽管婴儿出生时带着一个发育不成熟的大脑，但他很快就会成为这个世界的一员。最初，他只会用哭来表达不舒服，或是用

解释人格差异
Explaining Personality Differences

咕咕发声表示很满足。但在生命的最初几年里，当他建立新的大脑回路或重塑其它回路时，他的行为便会得到快速发展。

当大脑持续发育，父母们会开始思考，孩子早期的行为模式是否能为其成熟后的人格状况提供一些信息。研究者已经开始尝试解答这个问题，他们不断地考察孩子（从婴儿期直至成年）。由于每个研究小组都运用自己的系统去描述行为模式，所以很难对他们的研究结果进行比较。但不管怎样，一个普遍的共识是，有些孩子的早期模式会延续，而有些孩子则会变化很大。

斯黛拉·切斯和亚历山大·托马斯的前沿性研究，证明了有些模式能延续下来[8]。这两位研究者是夫妻搭档，他们都是儿童心理医生。通过对婴儿的观察，他们提出了三种广泛的行为模式，并称之为气质。40%的婴儿是"易养型儿童"，因为他们能轻松地接触新环境，对变化有很强的适应性，能承受挫折，很少发脾气，也不是那么情绪化。而有10%的婴儿是"难养型"儿童，他们更易急躁，表露出非常强烈的负面情绪，且很难适应变化。另外有15%的婴儿，他们称之为"慢热型"儿童，这些儿童一开始会对新环境感到不适，但经过多次接触后就会适应。剩余的35%属于以上这些类型的组合。

建立一个个性化的大脑
Building a Personal Brain

孩子长大成人之后的情况表明:"整体而言,随着年龄增长,这群被试的气质与其小时候相比较只表现出中等程度的一致性。"研究者在1986年得出的这个结论和我们现在所了解的非常吻合:"成熟因素、神经生理上的变化以及一系列环境因素的影响——所有这些都会使某些个体保持连续性,而使某些个体发生变化。"[9]

杰洛米·卡根的一系列研究也发现了连续性和变化性。卡根根据儿童2岁和7岁时是不是愿意与不熟悉的人接近,而将儿童分为抑制组和非抑制组。在这些儿童成年之后,再次对其进行考察。他发现,大部分抑制组的儿童依然还是安静和严肃的,其中只有15%的人和非抑制组的那些年轻人一样活跃、善谈。40%的非抑制组的儿童在成年后依然保持原样,只有5%变得驯服、安静。正如卡根所总结的那样:"大约有一半的成年人还保持了预期中的样子,而只有15%的人发生了很大的变化。"[10]

研究同时还发现,在22岁时,两组人的某些行为与其小时候相比较依然具有一致性。在脑成像的研究中,当呈现给抑制组的人不熟悉面孔的照片时,其杏仁核的激活更为明显[11]。他们对新面孔做出强烈的情绪反应,这是其学步期害怕陌生人的残留。其他研究者也发现,儿童成年之后依然会保留很多儿时的特征[12]。

某些特征会延续到成年期，这一现象在那些上小学时就表现出反社会行为的儿童身上尤其明显。如果孩子在10岁之前因其攻击性和冲动性而被认为具有行为障碍，那么当他们长大成人后，还会保留这种反社会的模式[13]。相反，那些直至青少年期也未显现出任何反社会行为迹象的儿童，则更容易被教育，更有可能成为一个遵纪守法的成人[14]。

其他一些在儿童期突显的行为，到了青少年期可能会发生显著的变化，其中包括那些大家都知道的某些遗传来的行为。例如，遗传性的儿童期恐高、怕蛇、怕血通常会在青春期时消失[15]。诸如这些以及其他明显或不明显的基因效应，是否会得以保持，部分取决于人与其所处环境之间的交互作用。

基因与环境间的对话

对具有反社会人格的人所进行的研究，充分显示了环境和基因是共同起作用的[16]。每个看过电视剧《黑道家族》的人都知道，反社会行为会在家庭中延续。而且，研究显示，一个社区的10%

的家庭构成了该社区的大部分犯罪[17]。所以，如果你了解到双生子研究显示，反社会特质会有40%~50%的遗传率，你不必感到吃惊[18]。但在这种情况下，家庭环境同样还是能起到重要作用的。而且，被收养儿童如果在一个反社会的家庭环境中长大，即使他们和家人在基因上没有任何关联，他们形成反社会人格模式的概率也会增加[19]。

一项针对新西兰但尼丁市儿童进行的研究更加支持了家庭环境的重要性。研究者对所有于1972年4月至1973年3月期间在这个城市出生的1 037名儿童进行了追踪研究，一直到他们长到26岁，期间进行了多次测评，并将所有数据存储以备后续分析研究。这项研究没有做任何前提假设，只是提供了关于儿童在一个完整的社区中发展的具体信息。

其中一项重要的发现是，很多儿童受到了虐待：8%遭受过"严重的"虐待，28%遭受了"可能"的虐待，而只有64%没有受到虐待[20]。但这项发现并不意味着新西兰人有多么糟糕。在对8 667名美国成人所进行的严格控制的访谈中，有22%报告说儿童期受到过性虐待，21%报告说有身体上的虐待，14%报告说看到过母亲挨打，很多人报告说这三种情况都曾有过[21]，还有很大比例的人

解释人格差异
Explaining Personality Differences

描述曾不断遭受情感上的虐待。

由于在但尼丁发现了大量儿童受虐待的情况，于是研究者们想知道这是否与反社会人格模式的形成有关系。为了回答这个问题，他们将注意力集中在对男孩的研究上，因为男孩比女孩更容易形成这种模式。他们发现，男孩受虐待的程度的确与反社会行为的程度相关，但也存在很大的个体差异。有些受过严重虐待的男孩形成了严重的反社会模式，而其他男孩则没有[22]。为什么呢？

有一种可能性是这些反社会的男孩先天就具有这种倾向性。例如，或许他们天生就有些反叛或攻击性，因而他们更会招致虐待。一个孩子天生固有的倾向性和父母教养通常共同起作用，这就是为什么同一个家庭所养育的孩子会如此不一样的一个原因[23]。但尼丁研究中或许也有部分这样的原因。但在这个例子中，研究者们决心开展更为细致的研究，找到一个影响反社会行为的单一基因变量。

首先，他们检验了一个可能的对象：MAOA 基因。这种基因会产生单胺氧化酶-A，它是一种可以降低 5-羟色胺、去甲肾上腺素以及多巴胺的酶，这三种神经递质控制与情绪行为相关的大脑回路。MAOA 基因具有两大特征——单胺氧化酶-A 在大脑中的水平会对很多种反社会行为产生影响[24]；以及 MAOA 基因启动子的变异控制了大脑中单胺氧化酶-A 的产生量[25]，所以它似乎与反社会行为有关。而且，MAOA 基因刚好位于 X 染色体上，这样对男孩的研究就简单些了，因为男孩只有一个 X 染色体（女孩有两个）。在但尼丁的研究中，63% 的男孩有很高的 MAOA 变异，这就使得他们的大脑中产生很多酶，有 37% 的男孩是低 MAOA 变异，这使得大脑所产生的酶的量较少[26]。

MAOA 基因变异的高低是否与反社会行为相关呢？研究者们发现，MAOA 本身与反社会并没有什么相关。没有受过虐待的男孩，不管其 MAOA 变异的高低，他们的反社会行为都少。但在那些受虐待的儿童中，MAOA 基因变异就有很重要的影响，那些受过虐待且 MAOA 变异低的儿童更有可能反社会[27]。

有关反社会男性的几项后续研究支持了这些发现[28]。对美国印第安部落那些曾在儿童期受过性虐待的女性的研究也证实了这些发现[29]。在这个例子中，虐待也与反社会行为模式相关，在那些曾受到过虐待的女性中，有两个低 MAOA 基因（每条 X 染色体上各有一个）的女性的反社会行为的比例最高，而那些有两个高

MAOA 基因的女性的反社会行为的比例最低。此外,和男性一样,如果没有受过虐待,MAOA 基因就不起作用。

这并不意味着天生有低 MAOA 基因变异就不好。单胺氧化酶-A 含量的多少会对大脑功能产生多种影响[30],这些影响有可能是好的,也有可能是不好的。其结果如何取决于个体环境、其他的基因变异情况以及个体的人格特质。从对儿童虐待和 MAOA 的研究中得出的结果是很普遍的。它说明了这样一个原则:基因的差异会影响到儿童期环境对人格的影响。

对基因表达的持久作用

也有可能是这样的:环境对影响人行为的特定基因表达产生持久的影响。最能说明这一点的例子是迈克尔·米尼所做的鼠妈妈影响鼠宝宝性格的实验室研究。前期研究是对两种鼠宝宝行为进行比较,这两种鼠宝宝的妈妈分别是时常舔自己孩子的妈妈和不常舔孩子的妈妈。前者总是精力充沛地舔自己的孩子,并悉心照顾他们,后者对孩子就不太热情[31]。几个月之后对这两种妈妈的后代进行测试，相比那些由不常舔孩子的妈妈养大的老鼠，那些由经常舔孩子的妈妈养大的老鼠较少感到害怕，且对压力的反应也不太强烈。它们这种情绪上的稳定性不仅在开放式野外活动这样的行为测验上比较凸显，而且其血液中的糖皮质激素水平也是如此，这种激素是一种与压力有关的由肾上腺分泌的激素。

经常被舔的鼠宝宝在情绪上的稳定是由妈妈的教养行为所决定的，还是由经常舔孩子的妈妈的基因决定的，即鼠妈妈通过DNA将这样的基因差异遗传到了孩子身上。为了回答这个问题，研究者在两种鼠宝宝出生后马上将它们进行交换抚养，这种收养策略是高尔顿所提出的、用以区别教养和天性作用的方法。这种交叉抚养的结果指向了养育，即母亲的教养行为在起作用，而不是母亲的基因。用舔方式养育孩子的鼠妈妈和舔孩子的亲生鼠妈妈一样，很好地培养出了抗压力的鼠宝宝，反之亦然。

在观察到这一行为结果之后，米尼和他的同事们想要找出这两种鼠宝宝在大脑上的差异。他们发现被舔的鼠宝宝有一种基因更为活跃，该基因产生糖皮质激素受体（GR），这是一种能对糖皮质激素做出反应的蛋白质。这种变化是在控制情绪的大脑回路的

解释人格差异
Explaining Personality Differences

神经元中观察到的，在养育的第一周就已经能在鼠宝宝的大脑中检测到，而且它在老鼠的一生都会保持着。

为了找出这种变化是如何发生的，研究者对糖皮质激素受体（GR）基因启动子（调节着基因的活动）是否发生改变进行了考证。研究者已经知道基因启动子会被一种自然生物化学反应所改变，被称之为超基因变化（epi-genetic change，epi 来源于希腊语，意指"超过"或"之上"），它会增加或去除DNA某一精确位置上的某个微小的甲基群，而且超基因变化会调节基因启动子所起到的作用，从而改变基因的活动情况。研究者发现，经常被舔的动物的GR基因启动子的甲基化程度较弱，母亲的养育引起大脑DNA的变化，导致基因产生更多的蛋白质物质，即糖皮质激素受体[32]。

而且，由行为所引起的基因启动子在甲基化方面的变化会随着被舔动物的长大而保留下来。同样，GR基因的活动性也是如此。这表明，在这些动物身上，DNA的持久超基因变化以及由此引起的糖皮质激素受体的增加，已经改变了控制压力反应的大脑回路的布局。这会对这些动物的性格产生持久的影响[33]。

建立一个个性化的大脑
Building a Personal Brain

这项研究吸引了很多人的关注,因为它对每个人来说都是有所启发的。基因学者们喜欢这项研究,因为它表明环境引发的基因的变化是很重要的。心理学家们也喜欢这项研究,因为它表明行为对基因有很大的影响,正如基因对行为有可能产生的巨大影响一样。神经科学家们喜欢这项研究,因为它丰富了他们关于经验能够引起大脑回路发生持久改变这一观点的理解。对以上所有这些研究者而言,这一系列研究最为重要的启示在于,经验,尤其是早期生活经验[34]会造成DNA的超基因改变,而且这种改变对人格有持久的影响。

在我们的成长过程中,这种由环境所引发的超基因的变化会不断累积。我们了解这点的一个途径是对双生子进行研究。双生子由同一个受精卵发育而来,有着同样的DNA。尽管如此,他们的DNA的甲基化模式随着双生子慢慢长大而逐渐产生差异[35]。在一定程度上,双生子DNA的超基因差异被认为是源于双生子成长环境的差异。尽管我们尚不清楚这些超基因差异在功能上的重要性,但我们有理由认为它们会导致同卵双生子产生某些外显差异,包括他们在人格上的差异[36]。

解释人格差异
Explaining Personality Differences

青春期的再塑造

尽管大脑的发育大多发生在孕期和儿童期，但在青少年期也会发生很有影响力的重塑。某些结构性的重塑是由下丘脑的几千个特定的神经元所引起的，下丘脑会引发青春期荷尔蒙变化。这些神经元会制造一种很小的蛋白质——促性腺激素（GnRH），它会向垂体腺发放信号去激活卵巢或睾丸，分别分泌女性的雌激素和男性的睾酮[37]。大量荷尔蒙激增，随后会修正、扩大并激活在胎儿期就建立起来的负责性行为的大脑回路[38]。

性荷尔蒙还有很多工作要做。通过激活有雌激素或睾酮受体的神经元，它们能改变很多其他大脑回路的活动情况和位置布局。这就会导致青春期常见的行为变化，比如性兴趣、冒险行为的增加和社会交往意识的增强[39]。

但性荷尔蒙只是青少年大脑重塑和行为改变中的一个因素。很多其他的与性相关的特定基因的变化并不是由这些荷尔蒙所引起的。荷尔蒙所引起的以及与荷尔蒙不相关的过程都会导致大脑回路产生持久变化，其中有些变化会使得男性的大脑不同于女性的大脑[40]。

正如大脑发育的其他阶段，青春期为基因变异的展现提供了机会。例如，有些影响认知能力的基因变异可能要到十几岁时才发挥出全部的作用。我们对此的了解部分是源于对收养儿童的 IQ 的研究。这些研究表明，随着影响认知能力的基因变异的影响越来越显著，收养儿童的 IQ 在青春期与其亲生父母越来越接近[41]。影响认知能力的基因变异逐渐发挥更强的作用，这点在对 11 000 对同卵双生和异卵双生子的研究中得以证实。研究者发现，一般认知能力的遗传力在 7 岁时为 41%，12 岁时增加到 55%，17 岁时增加到 66%[42]。

青春期大脑的重塑并非仅仅体现在青春期的行为变化上。从各个时期关于脑结构的磁共振成像（MRI）中也可以直接观察到[43]。对解剖学上的变化研究最为广泛的当属对大脑前端部分的研究，尤其是对前额叶皮层的研究，该区域位于前额的后面。随着青少年的发展，前额叶皮层大脑区域的结构以及它与大脑其他区域，如调节情绪表达的杏仁核之间的连接都会发生改变。

人们不仅仅通过对静态大脑结构的观察来了解青春期和成年

解释人格差异
Explaining Personality Differences

早期大脑网路在结构和连接方面的变化。人们也会使用功能性磁共振成像（fMRI），它能测量大脑在人们完成某些任务时回路的活动情况。这些有关大脑活动情况的研究揭示出，人从青春期过渡到成年期时，大脑的功能性连接发生了很多变化[44]。

漫长且十分关键的青春期也会受到各种环境的影响。大脑产生活跃变化之时，生命也在继续，同伴在传递价值观和社会技能方面也发挥着极其重要的作用[45]。青少年容易受同伴影响，这一点是父母、教育工作者以及临床医师们特别关心的，他们会想办法阻止在这段生命期间出现的多种不良人格模式[46]。

大脑发育与环境变化的停滞

大脑的发育在什么时候能完成呢？对个体进行的磁共振成像研究表明，在25岁左右大脑的结构就稳定下来[47]。尽管有些髓鞘在随后至少十年间还可能继续发育[48]，但对40岁之后的大脑进行扫描，通常发现的只有磨损的迹象，而不再是发展性的重塑。而且，通过功能性磁共振成像对大脑区域间的整合活动所进行的研究显示，成熟的大脑网络也是在成年初期构建起来的[49]。

但这并不意味着成人的大脑就已经固定化、一成不变了。大脑的一个最为重要的功能是，通过对突触的结构和功能进行微观调整从而不断学习和存储新信息。但不管怎样，成年早期是人脑发育过程中的一个里程碑，在此期间我们建构了很多个人的东西，它们将持续地引导我们度过余生。

基本人格特质的发展也遵循类似的发展趋势，但在时间上要滞后。正如大脑的髓鞘化会在我们三十多岁时逐步停止，"大五"人格方面的变化也会逐步停止。重复测验表明，在20岁时，一个人在"大五"上的得分已具有相当的稳定性；在30岁时会更为稳定；直至50岁时就不会有太大变化了[50]。

这种逐步的稳定化不仅仅是因为大脑发育停止了，正如罗伯茨和卡斯皮所指出的那样[51]，这也是因为成年人的社交环境逐渐变得一致。这一社交环境里都是成人自己所选择的朋友、合作伙伴和同事，当然，每个成人自己也被别人选择。

在成年期选择一个十分稳定一致的社交环境，之后我们的大部分时间都与这一群熟悉的人在一起。这些人带给我们稳定，因

解释人格差异
Explaining Personality Differences

为他们总是会以我们所预期的方式表现。他们也会诱发我们的稳定性,因为他们会使我们保持一种他们所能预期的行为。社交环境的这种双向稳定,对我接下来要讲的内容起到了非常重要的作用,这就是人格的两大首要方面:性格和同一性。

注　释

1　Erikson（1963），p.04。
2　Morris 等（2004）；Ahmed 等（2008）。尽管胎儿期睾丸激素对这个过程来说必不可少，Wu 等（2009）和 Junnti 等（2010）已经指出那些控制特定性别行为的神经通路之所以变得男性化，事实上依赖于雄性老鼠大脑的酶所引起的胎儿期睾丸激素向雌激素的酶转化。
3　Wallace 等（2006）；Peper 等（2007）；J. E. Schmitt 等（2007）；Gilmore 等（2010）。同卵双生子脑结构上的差异或许解释了为何一对双胞胎在人格上会存在一些差异，脑结构上存在的差异，部分是因为神经细胞在大脑排序时发生了随机移动。
4　Hensch（2004）。
5　Doupe 和 Kuhl（1999）。
6　Lenneberg（1967）；Doupe 和 Kuhl（1999）；Perani 和 Abutalebi（2005）。人类学习语言时，大脑的这一窗口始终会保持开放，因而成人才可以习得新的语言，但这个过程会越来越困难。正因为这扇窗户不会完全关闭，所以有些人更倾向于称这个时期为"敏感期"而不是关键期。
7　Harris（1998）强调了一个众所周知的事实，即年幼的移民儿童会学着像同龄人那样说话，而不是像父母那样带口音说话。她以此作为强有力的证据来证明儿童所关注的且主要受其影响的社会环境是同伴环境而不是父母环境。
8　Thomas 等（1963）；Chess 和 Thomas（1986）。
9　Chess 和 Thomas（1986）。
10　Kagan（1994），p.135。
11　Schwartz 等（2003）。

解释人格差异
Explaining Personality Differences

12 儿童期的行为在某种程度上能预测其后期生活中的行为，这一概括性结论得到了很多研究者的纵向研究的支持，并由 Block（1993）；Block 和 Block（2006）；Caspi（2000）；Caspi 等（2003）；Dennissen 等（2008）；Hampson 和 Goldberg（2006）；Mischel 等（1988）；Shiner（2000，2005）；Shiner 等（2002，2003）在出版物上发表过。

13 Goldstein 等（2006）。

14 Dilalla 和 Gottesman（1989）；Taylor 等（2000）。为什么儿童在保持其早期行为模式方面会有很大的差异？Kagan（1994）认为是养育方式造成了这种巨大的差异。但 Harris（1998）对这一观点表示质疑。她认为是同伴的强大影响力使然。而且她更深一步地进行了解释。她没有简单摈弃类似 Kagan 的未经证实的、有害的想法，Harris 认为"这样的想法让那些已经很不幸的人、那些因某些原因不能让自己的孩子成为一个开心、聪慧、行为端正、自信的人的父母又背负了一层内疚感。这些父母不仅一定会因孩子很难与人相处，或孩子在其他方面不能满足社会的要求而苦恼，他们还要承受社会的谴责。"（Harris，1998，p. 352）。

15 Kendler；Gardner 等（2008）。

16 Moffitt（2005）；Mealey（1995）。

17 Moffitt（2005）。

18 Miles 和 Carey（1997）；Rhee 和 Waldman（2002）。

19 Miles 和 Carey（1997）；Rhee 和 Waldman（2002）；Moffitt（2005）。

20 Caspi 等（2002）。

21 Edwards 等（2003）。

22 Caspi 等（2002）。

23 Plomin 等（2001）。也有证据（Kendler，Jacobson 等 [2007，2008]）

表明儿童天生的特质倾向会影响到其择友，而这或许会导致形成一种反社会的人格类型。

24 Meyer-Lindenberg 等（2006）; Buckholtz 和 Meyer-Lindenberg（2008）; Buckholtz 等（2008）。

25 Sabol 等（1998）。

26 Caspi 等（2002）。

27 同上。

28 Foley 等（2004）; Kim-Cohen 等（2006）。

29 Ducci 等（2008）。

30 Meyer-Lindenberg 等（2006）; Buckholtz 和 Meyer-Lindenberg（2008）; Buckholtz 等（2008）。

31 Meaney（2001）。

32 Weaver 等（2004）; Meaney 和 Szyf（2005）; Buchen（2010）。

33 Zhang 和 Meaney（2010）。DNA 的甲基化和去甲基化并不是唯一影响基因表达的次生变化。次生变化也会因与染色体里 DNA 有关的组蛋白的化学变化（Kouzarides, 2007）和控制情绪刺激行为应对的特定脑细胞的组蛋白的乙酰化反应而产生。

34 Kaffman 和 Meaney（2007）; McGowan 等（2009）; Heim 和 Nemeroff（2001）; Rinne 等（2002）。Tottenham 和 Sheridan（2010）就有关早期不利社会环境对后期生活中的行为的影响进行了综述。

35 Fraga 等（2005）; Haque 等（2009）; Kaminsky 等（2009）。

36 Feinberg 和 Irizzary（2010）已经提出，某些超基因的差异是随机发生的，而不是对特定环境影响的反应，这些随机变异会变动，这样可能会增加对特定环境的适应。这种"随机的超基因变异"不仅可能解释在同卵双生子的 DNA 上所观察到的甲基化差异，它还可能有助于形成很难界定的那些"非共享环境"（Plomin 等 [2008]；Turkheimer 和 Waldron[2000]）以此非共享环境作为他们的人格差异的一种解释。

37 Morris 等（2004）；Sisk 和 Foster（2004）；Romeo（2003）。
38 Arnold 等（2003）；Ahmed 等（2008）；Sisk 和 Zehr（2005）。
39 Blakemore（2008）；Steinberg（2010）。
40 Arnold 等（2003）；Morris 等（2008）。
41 Plomin 等（1997）；Petrill 等（2004）；Shaw 等（2006）描述了青春期智力和脑皮层厚度变化之间的关系。
42 Haworth 等（2009）。
43 Giedd 等（1999）；Sowell（2003）；Thompson 等（2005）；Shaw 等（2008）；Giedd（2008）；Ernst 和 Mueller（2008）。
44 Fair 等（2008）；Ernst 和 Mueller（2008）；Dosenbach 等（2010）。
45 Harris（1998，2006）。
46 Kendler 等（2007）；Kendler，Jacobson 等（2008）。
47 Sowell 等（2003）；Thompson 等（2005）。
48 Bartzokis 等（2001）。
49 Dosenbach 等（2010）。
50 Robert 和 DelVecchio（2000）发现，直到约50岁，人的"大五"得分才得以持续稳定。而 McCrae 和 Costa（2003）则认为，30岁之后人在"大五"上的相应得分实际上就没有太大变化了。不同年龄群体均值（不同于对个体进行排序）的研究表明，就群体人群而言，随着步入老年，除了其他方面的一些变化，人们在责任心和宜人性方面得分会有所增长（Srivastava 等 [2003]；Roberts 等 [2006]；Costa & McCrae [2006]）。
51 Roberts 和 Caspi（2003）为他们所称之为"人格发展的累积连续模式"提供了令人信服的论证，这种人格发展的累积连续模式强调稳定的人-

环境交互作用有助于成人人格的稳定。McCrae 和 Costa（1994）指出了成年早期人格稳定性的重要价值。正如他们所说的那样，"因为人格是稳定的，生活在某种程度上就是可预测的。人们可以进行职业和退休的选择，可以相信他们当下的兴趣和热情不会远离他们。他们可以选择适宜的伴侣和伙伴……他们知道哪些同事是值得依赖的，而哪些是不可依赖的。一个人社会性的稳定对个人和群体的作用都是巨大的。"

第三部分

整个人,整个生命

无论我将穿过的那扇门有多窄,
无论我将肩承怎样的责罚,
我是自己命运的主宰。
我是自己灵魂的统帅。

——威廉姆·恩内斯特·亨利《不可征服》

5

什么是好的品格

本杰明·富兰克林年老时透露了他圆满生活的秘密,他说,这个秘密就是他在二十几岁时就已经发展出的用以提升自己人格的技巧。

富兰克林所塑造的人格有一个非常坚实的基础。他在《自传》中描述说,儿时他就是"孩子王",并一直当头[1]。但正是这份自信和坚定,也使他付出了很大的代价。他被波士顿拉丁学校录取,准备成为一名牧师,但父亲却让他退学。尽管富兰克林在他们班上出类拔萃,注定能上哈佛,即当时的一所清教徒精修学校,但父亲认为富兰克林的虔诚尚不足以成为牧师,于是就把12岁的富

整个人，整个生命
Whole Persons, Whole Lives

兰克林送到从事印刷业的哥哥詹姆斯那里当学徒[2]。

幸运的是，印刷厂的工作使富兰克林将生命的热情投入到了阅读中，并且使他有机会进行自我教育。他研究伦敦某个学术期刊上的文章，从而学会了写作。他写文章写得很好，所以很快就开始在哥哥的报纸上发表讽刺性的短文。他意志非常坚定，决心逃离学徒生活。17岁那年，他怀揣几个硬币逃到了费城。

接下来的几年里，富兰克林开始了他的冒险生涯。但当他进入成年初期后，他渴望能更好地控制自己的生活。于是，他决定掌控自己的激情，摒弃一些坏习惯，逐步加强人格中的道德成分，也就是通常所说的：培养好的品格。

富兰克林是从确定品格的重要组成成分开始来塑造好品格的。他非常清楚自己感兴趣的品格特征，称这些品格特征为"美德"。但当他开始罗列这些美德时，他碰到了用词的问题，这也是一直困扰当代人格讨论的问题，因为"不同的作者在用同一名词时所要表达的意义或多或少会有所不同"。于是为了清楚起见，富兰克林决定采用那些没有太多相互关联的名词，他最终确定了13种美德，下面是简单的解释：

- **节制**——食不过饱，饮不过量。
- **沉默是金**——言必对己或人有益，避免空谈。
- **条理**——凡物归其位，凡事作计划。
- **决心**——该做的事一定要做，做就要做好。
- **节俭**——钱花在对己和人有益的事上，不浪费。
- **勤奋**——珍惜光阴，做有益之事，避无谓之举。
- **真诚**——害人之心不可有；想法纯粹、公正，说话实在。
- **正义**——不冤枉任何人，不逃避责任。
- **中庸**——避免走极端；容忍别人给你的伤害，甚至认为是你应得的。
- **整洁**——保持身体、衣服或住所的整洁。
- **平静**——不因小事琐事或不可避免之事而烦扰。
- **贞节**——少行房事，除非为了健康和生育后代；不纵欲过度，以免伤害身体、损害自己或他人的安宁或名誉。
- **谦卑**——效法耶稣和苏格拉底。

列出单子之后，富兰克林马上就付诸实践。他知道这些美德不可能一蹴而就，所以他潜心逐一练习。他认为，"先前习得的某个美德会促进其他美德的获得"，所以他安排了如下的顺序："节

整个人，整个生命
Whole Persons, Whole Lives

制第一，因为它能使头脑变得冷静清晰，这一点对于时刻保持警觉、抵制旧有习惯和诱惑来说很重要。"当富兰克林开始进行节制，他特别清楚的是，他不能再去酒吧喝太多酒了，这在以前误了他不少的事。所以在开始实行计划的第一周，他专注于节制，然后按照列表中的美德一一进行下去。3个月过后，他就养成了13个美德，然后又重新开始。每一天他都会在一个小本子上做记录，"会用小黑点标记出自己承诺要遵守的美德在执行过程中存在的不足。"

他发现，每天的记录不仅能为他提供信息，而且是一种奖励。一方面，他吃惊于"自己的缺点比想象的多得多"；另一方面，他很高兴，"很满意看到缺点消失"。但尽管有进步，富兰克林还是坚持时不时地重新开始这个计划，而且总是随身带着他的列表，即使在他年老时也不例外。在评价这项终生实践时，他总结说："虽然我从未达到我所期望达到的完美，且离标准还很远，但我通过努力，变成了一个更优秀更幸福的人。如果我不努力去做，就不会到达如此境界。"

富兰克林所取得的成果足以令他欣慰。在他实施自我提升计划的10年间，他已经建立起了一个印刷和出版企业，这使他变得非常富有。有了这份经济上的保障，富兰克林就能够追求他在科学和国家事务上的兴趣，而且也赢得了骄人的成就和世界声望。即便后来取得比这更大的成功，富兰克林依然感激"这种性情平和以及与人对话的欢愉"，这些都得益于他所投身的"所有美德的共同作用，即使尚不完美，但他也能够获得它们。"他非常相信这项修炼的价值，所以，他一直想要出版一本自助读物，即《美德的艺术》，以补充他在《自传》中所阐释的相关内容。

区分品格和人格

本杰明·富兰克林关于人格的某些观点与我之前所提到的人格有很多相似之处。他也认为可以通过一系列特质来看待人们的个体差异，并且也认为特质受到基因（他称之为"自然倾向"）以及文化（"习俗"）和同伴（"伴侣"）等环境因素的影响。既然他爱好列表，假如可能的话，他应该乐于用"大五"人格去组织其关于基本人格倾向的想法。

假如富兰克林在做自我提升计划时能测量一下自己的"大五"特质，他就会发现很多他高兴看到的特点。最为明显的是高外倾性，尤其是在合群、热情和幽默感方面。另外，比较明显的还有他的自信以及摆脱负面情绪的困扰，这是低神经质的表现；还有就是他的好奇心和创造性，这是高开放性的表现。

但富兰克林不是特别在意这些特点，他认为这些只是天赋气质的一部分，在他看来理所当然。而他更认为道德才是人格中最为重要的部分，道德是需要通过个体的努力才能够获得的。对富兰克林而言，这意味着他需要通过致力于改进那些最需要提升的美德来构建他自身的品格。他还认为，好的品格是他通向有所作为和快乐的通行证。

并不只是富兰克林有这样的想法。世世代代的哲学家们和宗教领袖们都鼓励发展好的品格。富兰克林与先辈们的主要不同就在于，他提出了详细的、可行的自我提升方法。富兰克林不是简单歌颂美德，而是给出了一份个体可以进行操作的美德表，为每提升一种美德制定了逐步的计划。而且，富兰克林知道在此过程中人们可能会出现倒退，所以他要求自己一再重复练习。他知道，有些美德，如谦卑和条理，对他来说特别不容易达到。所以，他就决心降低标准，允许自己稍有懈怠。这样这项计划就更明确、更切实际，而且，当他回过头来审视时也觉得颇有成效。

什么是好的品格
What's Good Character

多年以来，富兰克林关于品格的观点吸引了许多拥护者。当然也有一些反对者，他们不认同富兰克林所强调的美德表。但尽管有不同意见，生活在19世纪和20世纪早期的大部分美国人都认同品格是人格中最为重要的部分——而且认为它是能够通过有意识的努力加以改进的。

尽管如此，20世纪30年代人格的科学研究启程之时，人们还是决定要将品格与人格的概念分开。对此加以区分的一个主要倡议者就是高登·奥尔波特，我在第1章中就描述了他的人格特质分类研究。奥尔波特生于一个虔诚的中西部卫理公会教徒家庭，他知道他的个人价值观并不被所有人认同，而且在他的科学工作中也没有地位。正如他所说的那样：

> 每当我们说到品格，我们通常是在暗示一套道德标准，并且做出了一个价值判断。这种复杂的情况使心理学家们颇为担忧，因为他们希望能将人格的真实结构和功能，与对其所做的道德判断区分开来……当然，一个人在做价值判断时可能会将人格看成一个整体，或考虑人格的某个方面："他是一个高尚的人"、"她有许多可爱的品质"。在这两个例子中，我们可以说从社会或道德标准来看，这两个人都有可

取的特质。原始的心理事实是,一个人的品质仅仅是指他是一个什么样的人。有些观察者(或有些文化)可能认为他们是高尚的、可爱的,而其他人可能不这么认为。所以,也为了与我们自己的定义相一致,我们更喜欢将品格定义为人格的价值化;而将人格,如果你愿意的话,定义为品格的去价值化[3]。

所以,当奥尔波特浏览词典、搜集人格特质研究的原始素材时,将美德、崇高等与道德判断有关的词予以筛除,其他对"大五"人格发展做出贡献的人也遵循了奥尔波特的方法。虽然他们在命名某些维度时用了一些看似道德化的词,诸如利他和谦虚,但他们坚持用一种完全描述性的方式去使用这些词,而不带任何有关这个品质好坏的评价。

临床医生在定义 DSM-IV 中的"十大"类型时也尽量不涉及道德判断。他们受过训练,要对病人的行为持开放态度,他们在专业行为准则的指导下,使用功能性的概念,如适应性和非适应性;而不使用道德性的概念,如好和坏。这种功能性的观念认为,各种特质和类型有其不同程度的表现,它们各有利弊,任何一种表现在特定的条件下都有可能是适应性的。

尽管这种功能性的观点看似道德中立，但它也承认某些特定的类型有问题，因为这些类型会为那些表现出该类型的人及其周围的其他人带去不幸。事实上，对这些类型持否定性态度是其被认为适应不良的最为主要的原因。而且，因为这些否定态度经常以道德评价的方式表现出来，所以在日常的对话中将"十大"类型的这些特征称之为是"品格缺陷"也就不足为奇了。为了强调这一点，我在下面的表 5.1 中给出了例子。

将适应不良的类型定义为品格缺陷，并不是给某人贴一个特定的标签。人们普遍喜欢诚实、勇敢、情绪稳定、灵活、富有创造性、

表 5.1 作为性格缺陷的"十大"类型

类　型	品格缺陷
反社会型	不正当的
回避型	胆小的
边缘型	不稳定的
强迫型	刻板的
依赖型	占他人便宜的
表演型	自负的
自恋型	自私的
偏执型	不信任的
分裂样型	不合群的
分裂型	怪异的

谦逊、大方、值得信赖、社交能力强且适度慧黠的人，即没有任何表中所列缺陷的人。简而言之，我们认为的好品格，其行为通常也会是适应性的，因为我们很多人都认为这样的行为是可取的，我们喜欢和这样的人交往，而远离那些与此不同的人。

我们时时刻刻都会做出这样的判断，而且我们在直觉地评判他人时会非常注重品格。尽管我们的大脑会注意到一个人所有的重要特质，但那些真正引起我们注意并让我们有所思考的特质都偏向道德，并与情绪反应有关[4]。

为什么会这样呢？为什么具有道德特性的特质会对我们有如此大的影响？难道这就是奥尔波特所强调的文化影响的表现吗？还是特质中有些更为深层和本源的东西值得我们注意？会不会存在一种道德本能，这种本能可将特定的情感融合到我们对他人的评价中？

道德本能和道德情感

认为存在道德本能的观点由来已久，它的主要倡导者之一就是查尔斯·达尔文。达尔文意识到动物的本能社会行为因自然选择而得以进化，所以他得出结论，人类也同样如此，并且正是这个过程促进了人类道德情感和行为的发展。正如他在《人类的由来》一书中所阐述的那样："任何动物，不论哪一种，均天生具有一些明显的社会性本能（包括养育和孝亲在内），一旦它的智力发展得像我们人类一样或接近于我们人类，就必然会获得一种道德感或良知。"[5]

如果我们将达尔文的话用基因来加以表述，就能理解达尔文所说的含义。达尔文的意思是，社会道德本能及控制这些本能的大脑回路，其进化途径与其他天生的思维和情感的心理进化过程一样，都是通过对相关的基因变异进行自然选择而进行的。原因之一是，人类基因组包含那么多促进社会道德本能的基因变异，这些变异均具有适应性功能。

有些本能促使人们养育孩子，并对其他亲属慷慨大方，我们从中很容易就能看出选择性的优势，即共享基因的长久传承，这是进化的重大推动力。但为什么我们的良知和社会本能还推动我们要对陌生人慷慨大方呢？既然人与人的竞争会导致优胜劣汰，那么自私的基因不就是自然选择的结果吗？是什么力量使得自私得以抑制，而我们称之为推动道德行为的基因或心理机制得到选择呢？

罗伯特·特里弗斯对此提出了非常有说服力的观点[6]。他认为，道德本能，即我们以有利他人或全体社会秩序的方式行事的本能，之所以能进化，是因为这些本能让有这样表现的人受益。简而言之，这些本能的原始形式，如在谨慎地对陌生人表示出慷慨大度时，人们会选择那些做出相应回报的人。这种互惠性的利他主义使得双方受益——你对他人好，他人也会对你好。所以，它被认为是道德基因变异自然选择背后的一种推动力[7]。

科学家们认为，互惠本能也和其他本能，如说话的本能一样，它也是通过对早已因其它用处而存在的大脑回路进行修正而得以进化的。以道德本能为例，弗朗斯·德·瓦尔[8]提出，或许这些本能在情绪感染的回路上已有雏形。德·瓦尔给出了一个关于同理心原始形式的例子，即一只小鸟感觉到有危险，它的恐惧会马上传染给一整群鸟，它们马上会飞上天。另一种传染是，在一间新生儿的育婴房，有一个婴儿哭就会引起整个房间里所有婴儿一起哭。根据瓦尔的观点，这种情绪感染很可能接下来就会发展成同理心，他称之为"同情关怀"。比如，一群刚出生的小猴子，当他们中的一个非常难受时,大家会互相拥抱。从这些最简单的雏形开始,情感方面新的大脑回路得以进化[9],这样就使利他行为的发起者和接受者马上产生积极正向的情感体验。

这类回报性道德情感[10]最为明显的是感激之情,这种情感在我们得到友善对待时会油然而生,并且促使我们想做出回报。这种温暖的情感超越了任何我们所拥有的想回报他人的想法。我们不像机器人那样按照程序做出回应,而是会产生出一种想回馈于人的美好感觉。

同情心也是一样,它使我们更想去帮助那些有需要的人。我们不是简单地进行理性的考量:有人需要帮助,我们要给予他们帮助以维护社会秩序。我们对他们的苦痛也感同身受,当我们给予他们救助和宽慰的时候,自己内在体验到一种道德美感。

更为无私的一种情感是升华,这是一种当我们只是看见或听见某些善良的和富有同情心的举动,就会有的一种温暖和舒畅的情感。如果你对道德情感的这种根深蒂固的天生属性还有所怀疑的话,那就想想当你看到美好的事情发生在完全陌生的人身上时,你眼中饱含的幸福的泪花。不仅仅在现实生活中如此,同样,当

整个人，整个生命
Whole Persons, Whole Lives

你沉浸在电影世界中时，你也会情不自禁地流下泪水吧。正是由于这些特性，乔纳森·海特称升华为"所有道德情感中最为原型的"。[11]

但特里弗斯也意识到，虽然这些积极的道德情感会为做出道德行为的人提供有吸引力的回报，但他们还不足以强大到克服自私[12]。为了防御欺骗我们的人、为了维护合作产生的利益，我们还同时进化出了与消极情感相关的道德回路。这些消极情感包括愤怒、鄙夷和厌恶。当遭受不公平待遇或令人厌恶的行为时，这些消极情绪通常会伴随面部和身体的反应而出现，从而表露出不赞同的态度，并警告违犯者小心，以免遭受报应。同时，这些消极情感还会产生一种内在的愤慨，它会令我们的积极道德情感短路，从而使我们排斥不遵守规则的人。

这些消极的道德情感是特别容易被引发的。例如，只是看到有人插队——不管我们是否在排队——都可能引起我们道德情感上的愤怒；看到裁判不公正地处罚我们最喜爱的球队，很可能使我们忍不住大打出手；当我们知道一个公众人物身陷性丑闻时，也会引起我们深深的鄙夷和轻蔑；甚至仅仅读到表5.1中所描述的品格缺陷，可能就会激发起些许消极的道德情感。

什么是好的品格
What's Good Character

这样的道德谴责非常有效，因为它能引起违犯者的负面情绪，从而使其感觉不好。只是简单看一眼蔑视或厌恶这两个词，即刻就能引发羞耻、尴尬或罪疚。随着我们不断地社会化，为了避免这种心理上的痛苦，我们会远离那些即便想想也会让他人对我们有所批评的行为，小至避免在晚会上穿不适宜的衣服，大到不做一些明目张胆的坏事。

我们很容易感知到这些积极的和消极的道德情绪，这也在一定程度上强调了它们的作用。然而，正如其他行为机制那样，这也存在很大的个体差异。有些人特别容易产生感激、同情和升华，而有些人则特别容易产生厌恶、愤怒和轻蔑。有些人（反社会型）一直都在欺骗他人，而有些人（偏执型）擅长于侦破那些骗子。有些人（回避型）特别容易感到尴尬，而有些人（分裂样型）则迟钝于别人不赞同的目光。但即便是有很大的差异存在，我们很多人还是会经历、意识到这些积极和消极的道德情绪并对其有所反应。这些都符合达尔文的观点，即人类已经进化出了一套固有的心理机制，它为我们的道德行为提供了生理上的基础。

整个人，整个生命
Whole Persons, Whole Lives

不同的文化，共同的价值观

本能和情绪只是为我们的道德提供了原材料，文化才为我们提供了关键的细节。正如达尔文所指出的那样：

> 习得语言之后，群体的愿望得以表达，为了维护公共利益，每位成员就如何行动达成共识，这个共识自然就会成为行动的普遍准则。
>
> 社会本能和其他本能一样，因习惯而得以强化，所以最终会与群体的愿望和判断一致[13]。

群体的这种愿望和判断因文化的不同而存在很大的差异，这就是奥尔波特觉得必须将"品格"这一概念从人格的科学研究中除去的原因。但由克里斯托弗·皮特森和马丁·塞利格曼为首的一小群心理学家却挑战了奥尔波特的想法[14]。在一项针对东西方主要宗教和哲学传统进行的研究中他们发现，人们对很多优秀品格存在普遍的认同和赞许。所有文化都高度认同的优点可以归为六大类，即他们称之为的六大核心美德：

- 节制——诸如自我控制和节俭等优点

- **勇气**——勇敢和坚持的优点，面对内外阻碍时它们有助于我们实现目标
- **人道**——善良和爱的优点：关爱他人，友善待人
- **正义**——公正和公民意识：有助于集体生活
- **智慧**——开放的心态，热爱学习，有助于知识的获取和运用
- **超越**——敬畏和精神力量，它可使我们与更大的宇宙相连，提供生命的意义

其他一些研究者也意识到了这些普遍被认同的优秀品格，其中心理医生罗伯特·克洛宁格形成了自己的分类方式。根据他的观点，品格有三大主要组成部分，即自我指向性、合作性和自我超越性[15]。自我指向性指的是对自我的控制，使自己成为一个有目的、有责任、有很多资源的人，它与节制和勇气相重叠。合作性指的是有同理心、怜悯心和原则性，它有助于和他人建立互惠的关系，与人道和正义相重叠。自我超越性指的是意识到我们是宇宙的一部分，是精神、智慧和理想的综合体，它与智慧和超越相重叠。

但是，认识到人们对核心美德的普遍认同并不是要排除掉各种文化所强调的差异。事实上，各种文化所推崇的特定美德是存在非常显著的差异的。在思考一个人的品格时，很重要的一点就

整个人，整个生命
Whole Persons, Whole Lives

是要注意到这个人是如何表现其普遍的以及和文化特殊性相关联的价值观的。

基于文化的价值观的力量

为了研究各种文化背景下价值观之间的差异，人类学家理查德·施韦德尔将各种文化中的道德准则分为三大类，这三个类别和克洛宁格之前用来描述个体的相似。他称这三个类别分别是自主道德，即自我指向性；集体道德，即合作性；神性道德，即自我超越性[16]。

施韦德尔的第一个类别，即自主道德，认为每个个体都是一个自由的人。其关键点是使个体的权利最大化，实现个体最完美的境界。但自主道德也将个体自我实现的权利，与承诺所有人的平等自由相平衡。这一观点是当代很多世俗文化中占优势的道德观念。

集体道德与之相反，是通过牺牲一部分自主性，从而能在一个组织起来的群体中有一席之地。它将家庭和群体看成最为重要的实体，每一个成员都必须维护其道德诚信和荣誉。同时，它主要是从个体的社会角色和责任义务，而不是个体权利的角度看待个体。其主要道德主题是责任、等级和相互依存关系，这些在传统文化中均处于非常核心的地位。

第三个类别，神性道德，渗透在传统文化中，其中宗教起到一个主要的作用。它将每个个体都看成是宏大宇宙设计中的一个表现，超越个体并且为道德行为提供了精神基础。在某些说法中，每个人都被看成一个负责任的担当者，神圣传统的代表，而不是互惠性的利他行为世俗世界的施行者。

将一套道德体系分成这三个类别不仅仅是抽象的思考，它也有助于认识我们身处的文化是如何塑造每个人的道德判断的。例如，我们可以考虑一件看似非常琐碎的小事，如对自己父亲的称呼。对当代大多数美国人而言，他们奉行自主道德，因而直呼父亲的名字是可接受的。但在施韦德尔所研究的传统的印度社会中，这样的做法被认为极端不尊敬，因为这不仅违背了家族等级（社会性），而且也违背了神圣的自然秩序（神圣性）。

同样，这种方法也有助于我们理解为何美国两大群体对堕胎

整个人，整个生命
Whole Persons, Whole Lives

的道德评判有不同的意见，并且他们都认为自己是正确的。以此为例，倾向选择堕胎的群体所属的亚文化强调自主道德，优先考虑每位女性想要保护自己以及免遭其认为有害后果的权利，而淡化了未出生孩子的生命权利。与之相反，倾向生命的群体所属的亚文化则强调神性道德，优先考虑所有人类灵魂的尊严[17]。

当我们从他们各自的文化价值观去考虑时，我们就很容易理解，同样拥有道德本能和情感的两个群体，为何这么热切地捍卫各自不同的立场。因此，在判断某个个体的品格时，很重要的一点就是要将一个人所特有的文化价值观，与普遍推崇的价值观如何排序区别开来。人们所属文化中宗教的、政治的和哲学的世界观，与他们对节制、勇气、正义、人道、智慧及超越等价值观的排序，这两者之间的关联不大。

本杰明·富兰克林的品格

为了理解为什么在判断一个人的品格时要将特定文化的价值观和普适价值观相区分，我们还是以本杰明·富兰克林为例。为什么要以他为例呢？因为有关他的人格曾经有过非常激烈的争论。

什么是好的品格
What's Good Character

虽然大家都承认富兰克林作为开创者,在政治、科学、商业等诸多领域都做出了重要贡献,但很多批评人士还是对富兰克林的道德深度提出了挑战。

这场争论主要集中在富兰克林所列的13种美德以及他所忽略的美德上。如果仔细看他所列的表单,你就会发现,几乎所有列出的美德都只是自我约束和自我组织的一些策略——即自主道德。对富兰克林的追随者而言,他追求成功的这些策略是值得效仿的。最近的一个例子就是史蒂芬·柯维的《高效能人士的7个习惯》,这本书描述了逐步获得富兰克林所提出的这些美德的计划[18]。但批评人士却因富兰克林只关注于这些实践层面上的美德而感到失望,谴责他忽视了那些更高层次、更能激发人的道德内容。他还被指责代表了"当今世界新兴人类最不值得称赞的道德品质:贪婪、狂热的实用主义、缺乏对精神世界的追求……他的灵魂肤浅且粗鄙。"[19]

沃特·艾萨克森总结了几百年来那些针锋相对的评论,认为这些截然不同的观点在很大程度上源于文化,反映的是美国人在富兰克林时代就已经在发展中的关于何谓好品格的意见分歧。正如艾萨克森所指出的那样,"富兰克林代表的是与浪漫主义相对的实用主义,与道德苦行相对的实用善举……是宗教宽容而非基督教信仰……是社会的流动而非既定的精英……是中产阶级的美德而不是虚无缥缈的崇高理想。"[20]

富兰克林或许会同意这种文化上的区分,但他或许还是会尽量说服你相信他是对的。他或许一开始就指出,他对自我发展的强调完全不是自私的,其初衷也是为了帮助他人。他或许还会辩解说,他的灵魂并不"肤浅且粗鄙",他也致力于很多如人权这样的高尚理想,并且为实现理想付出了巨大努力。至于说精神,他或许会告诉你他也同样重视,只不过他将他童年清教徒式的上帝代之以慈爱的上帝,慈爱的上帝"为他所创造的人的幸福而高兴……因我有美德而欣慰。"[21] 为了表示他对慈爱上帝的信仰,富兰克林在他的13项美德表中附上了下面这段日常祈祷语:

> 哦,全能的上帝!慷慨的父!仁慈的领路人!请你赐予我智慧,使我发现真正的兴趣,使我有决心依智慧而行事。为感谢你一直以来对我的恩泽,无以为报,敬请接受我对你其他孩子所做的善良之举。

富兰克林说自己是有德行的人,他所说的对吗?他认为写《美德的艺术》一书是对我们所有人的指导,他这样做对吗?评价富兰克林的一个办法是，考虑富兰克林如何给其普遍赞同的六大美德排序。强调这一点有助于我们最大程度地降低基于文化的价值观对我们这一评价的影响。

从节制开始，它的定义是"防止过度"，富兰克林已经承认他有很多方面需要节制。事实上，他整个的自我提升计划都是明确地用于驾驭自我。所以他所列的美德是想要努力控制自己也就不是什么巧合了，而且这些努力很可能奏效了。据我们所知道的富兰克林，他在节制上得到非常令人尊敬的得分也是应该的。

接下来说勇气，富兰克林也得到了高分。一个明显的例子就是，在美国革命之前以及革命期间，他能够勇敢地面对来自英国王室的恶意的个人攻击。为了维护自己所深信的追求和原则他经常置身于险境。但即便如此，他还是受到了更加坚定的约翰·亚当斯的批评，亚当斯认为富兰克林在面对困难的谈判时很容易妥协。但对富兰克林而言，这是精明，而不是胆小。

现在来看正义，富兰克林的得分特别高。事实上，他特别公正，遵纪守法。在他21岁时，他组织了一个社团，有十来个年轻人每周五晚上定期聚会，彼此教育和激励，那时他就已经清楚地意识到互助的价值。富兰克林的兴趣同时也扩展到了更为大型的团体，他帮助建立了很多重要机构，从图书馆、消防纵队到宾夕法尼亚大学，再到整个美国。

说到人道，富兰克林在人际关系方面只获得了中等分数。正如艾萨克森所指出的那样，"他和别人的友情，更多的是和气，而不是亲密。他对妻子有一种温和的喜爱，但爱的不够，所以在其婚姻的最后17年，有15年是在海上度过的。他和妻子的关系是一种实用的关系。"[22] 约瑟夫·艾利斯认为，富兰克林是一个维护表面人际关系的高手，"一个带着很多面具的人……富兰克林最为持久的情感只是在他晚年与儿孙在一起时才姗姗来迟。"[23] 但富兰克林绝不是一个冷血动物，只是他不是很擅长与他人保持亲密而已。

但是，在智慧方面，富兰克林是顶级的，他有创造力，充满好奇心、心态开放，渴望学习新事物并为他人提供建议。这些突出的优势在他很多实际的发明、对电的研究以及他作为外交家和政治家所取得的伟大成就中都得以体现。更为重要的是，富兰克林非常希望能将他广博的知识用于帮助他人过上富足的生活。

富兰克林在智慧上的高分普遍得到大家认可，与此不同，他的高超越性很多人并不知道。由于他脚踏实地的实用主义广为人知,所以许多人忽略了富兰克林对高尚事业的贡献,如宗教宽容,以及促进对帮助我们找到自身在宇宙中位置的物理科学的发展。很多人也同样没有看到,他致力于自我提升并不只是为了自己发展,而是表达了一种崇高理想,即所有人只要愿意都可以过上有意义的生活。事实上,富兰克林也的确发现了伟大理想的意义,因而他感受到了对大自然的敬畏。但他选择用实际的行动去表达这种超越的情感,而非用华丽的辞藻。

综合来看,我认为富兰克林完全有理由为他的品格和他所取得的成就感到骄傲。他不仅仅成就了自己,而且很认真对待他的品格,他是一个懂得如何发挥长处、改进缺点的人。尽管他为自己的成就感到自豪,但他依然清楚自己的不足,并以宽容的心态看待其他人的缺点。

为什么品格很关键

当高尔登·奥尔波特决定"将人格真正的结构和功能与道德

层面的判断分开"时,他就为我们客观评价个体在基本特质上的差异开辟了道路。但是,对人的认识不完全都是客观的。当我们第一次遇到他人时,我们不会只注意到他们的"大五"人格特质,而同时会对他们的品格形成一种本能的印象。

当我们逐渐对他人有所了解时,我们会更细节地了解到他们所具有的客观特点和道德品质。但道德品质会凸显出来,因为道德品质最为直接地指向情绪,将我们吸引到那些具有许多美德、我们认为很有魅力的人身边,而让我们远离那些缺乏美德的人。尽管我们对一个人的描述在很大程度上依赖于"大五"人格和"十大"人格类型中所包含的信息,但我们最容易受到关于此人整体道德和情绪评价的影响,这种评价不仅依据普适价值,而且还涉及特定文化标准。

奥尔波特认识到了这类道德评价的重要性,他只是担心道德评价会混淆科学所依赖的理性判断。但在认识一个人时,我们完全有理由对一个人的品格感兴趣,因为了解一个人的品格为我们该如何与之相处提供了非常有意义的指导。而且这一道德视角与一个人的毕生经历有关,这一点我在接下来的一章中将谈到。

注　释

1. 在一些在线网站上可以免费获取富兰克林的自传，其中一个就是 www.earlyamerica.com/lives/franklin/。除非有注明，否则一切富兰克林的言语都出自富兰克林的《自传》。
2. 我主要是依据 Isaacson 写的关于富兰克林生活的事实和解说（2003）。
3. Allport（1961），p.31。
4. 大卫·休谟（1711~1776），苏格兰哲学家，最早强调了道德和情感之间的关系。正如他 1739 年所说的那样，"道德会激发热情，产生或阻止行为的发生。理性本身在这方面是十分无力的，因此，道德准则并不是我们理性推论的结果。"
5. Darwin（1871），第 4 章。
6. Trivers（1971）。
7. De Waal（1996）；Wright（1994）；Pinker（2002）；Ridley（1996）。
8. De Waal（2008）。
9. 一组特别的神经细胞，因为它们会在我们映照他人的行为时被激活，所以我们称之为镜子神经细胞，它们可能对那些在表现同理心时被激活的大脑回路产生重要的影响（Gallese[201]；Decety 和 Jackson[2004]；Preston 和 De Waal[2002]）。
10. Haidt（2003）和 Tangney 等（2007）已经对道德情感作了研究综述。
11. Haidt（2003）。
12. 有关在保持合作方面惩罚和负面情感的重要作用，可见 Trivers（1971），也可参见 Boyd 等（2010）。
13. Darwin（1871），第 4 章。Laland 等（2010），已经提出文化也会塑造人类基因组的观点。

14 Peterson 和 Seligman（2004）。

15 Cloninger 等（1993）；Cloninger（2004）。

16 Shweder 等（1997）。

17 Shweder（1994）给出了很多例子："基于史学和人种学的记录，我们知道不同时代、不同地方的人，会很自然的因各种各样的事情而感到惊讶、义愤填膺、自豪、反感、愧疚以及羞愧不堪。这些事情有手淫、同性恋、禁欲、一夫多妻、堕胎、割礼、肉体惩罚、资本惩罚、伊斯兰教、基督教、犹太教、资本主义、民主、焚毁国旗、迷你裙、长发、光头、酒类消费、食肉、医疗接种、无神论、偶像崇拜、离婚、鳏寡再婚、包办婚姻、自由恋爱的婚姻、父母和孩子同睡一张床、父母和孩子不睡同一张床、允许妇女工作以及不允许妇女工作。

18 Covey（1989）。

19 Charles Angoff，被 Isaacson（2003），p. 483 所引用。

20 Isaacson（2003），p. 476。

21 Franklin，被 Isaacson，p. 87 所引用。

22 Isaacson（2003），p. 487。

23 Ellis（2003）。

6

同一性：编织个人故事

到此为止，我已经考察了人格的几个方面，它可以被分解成特质、类型和美德。但如果想要了解某个人，我们还需要了解更多。尽管我们可以根据这些拼凑出有意义的大致轮廓，但如果没有关于个人生活指导原则方面的信息，我们还是无法将有关这个人的画面拼凑完整。为了得到这方面的信息，我们需要关注他或她的个人故事。

编故事是人脑的一个基本功能[1]。我们通过这种方式来推断因果关系，从而组织自己所经历的事件，此过程有助于我们预测未来。在认识他人时，我们也运用这个过程去创造有关一个人如何

整个人，整个生命
Whole Persons, Whole Lives

成为当前这个人的故事。在这些故事里，包含有我们关于人的动机、未来去向，以及我们能对其有什么期望等方面的推测。这是我们将所有心理短片转化为有关此人生活的心理电影的一个过程，其中会有对重要过去的再现，也会有对未来的投射。我们也采用同样的叙事方式来编撰着我们自己的故事。

故事始于童年，童年发生的事对我们正在形成的人格有一定的影响。但我们的兴趣所在不是简单地记录客观的传记性细节，而是对"我们是谁"做出一种富有想象的解释，我们自青少年早期开始就认真思考这种解释。随着这个过程在成年期的展开，我们开始形成同一性，这种同一性引领着我们生命的过程。

本章谈论同一性（identity）的建立，它是人格的一个子集，心理学家丹·麦克亚当斯将其定义为"你所建构的关于你是谁的个人神话"[2]。尽管特质、类型和美德都有助于创建这个个人神话，但他们并没有告诉我们这个神话是什么。为了了解这点，我们需要知道是什么使得一个人感觉到生命的一体性、目的性和意义性，这是一种以自我定义故事的形式表达出来的观点。

在第 4 章中提到过的埃里克·埃里克森是第一个意识到自我

同一性：编织个人故事
Identity: Creating a Personal Story

定义具有重要意义的人，他认为这种自我定义是人成长过程中重要的一步[3]。根据他的观点，青春期所面临的将目标兴趣与社会机遇和期望协调起来的挑战，其实引导着我们建构最初的同一性。为了应对这一挑战，我们每个人都会发展出自己和这个世界相处的特定方式[4]，同时对我们是谁也会有一个整体的感觉。我们逐步地、本能地完成这一过程，不需要太多有意识的思考。

有些人能够很轻松地完成这一过程。在青少年中期，他们就已经形成了自己想要成为一个什么样的人，以及他们今后要走什么样的路的想法。这在选择有限且确定的传统社会中更容易实现，但在当今复杂的社会也能够发生。例如，美国最高法院大法官艾伦娜·卡根在上中学时就已经确立了想要当大法官的志向，甚至在她的学年纪念册上都有她身着司法长袍的照片。

有些人在这个过程中却困难重重，他们不知道自己是谁。他们可能会觉得很难将自己的能力、目标、理想与社会的要求相结合，所以他们辍学或辞职。在某些情况下，这种内心的挣扎会延续到成年，埃里克森自己也经历过这种情况，即他称之为的同一性危机[5]。埃里克森花了很多年才获得自我同一性，并终其一生为此努力。

整个人，整个生命
Whole Persons, Whole Lives

关注一个人的同一性很重要，因为这样你就可以和他感同身受。与从特质和美德列表分析后得到的认识不同，了解一个人关于过去的想法和对未来的希望有助于我们产生同理心理解。想一想一个人一生中那些值得一提的事件和境遇，这可能会鼓励你去理解她曾经所面临的挣扎、她所经历的挫折以及她所展现出来的力量。设想你自己处于某个人的位置，可能还会促使你思考，假如你曾经在那样一个境况中，你会成为一个什么样的人，这样做通常有助于澄清你对其品格所做的判断。为了使你能理解我所说的，下面我们来看一个著名的故事。

奥普拉·温弗瑞塑造自己的同一性

维基百科中对奥普拉·温弗瑞的介绍中，首先是一段有着极高赞誉的文字：

她是美国著名的电视节目主持人、演员、制片人和慈善家。最负盛名的是以她名字命名并曾获得过多个奖项的脱口秀节目，这档节目是史上同类节目中最为优秀的。她本人曾被评

同一性：编织个人故事
Identity: Creating a Personal Story

为20世纪最为富有的非裔美国人，她也是美国历史上最为伟大的黑人慈善家，并且曾经一度是世界上唯一的一位黑人亿万富翁。此外，据一些评论家的观点，她被评为世界上最具影响力的女性。

这些成就之所以异常引人注目，是因为从奥普拉早年坎坷的人生经历来看，我们很难预期到她会有如此的成就。

奥普拉于1954年出生于密西西比的一个偏远乡村，生她时她的母亲才十几岁。最初，她是由母亲的祖母和大家庭中的其他成员抚养的，但6岁时这种稳定的生活就被打破了。起先她被送到了密尔沃基和妈妈在一起，随后她又被送到纳什维尔和弗农·温弗瑞在一起，当时此人自认为是她的亲生父亲。1963年，经过一番与弗农的严厉管教痛苦斗争之后，奥普拉又回到了密尔沃基。

在新的环境中奥普拉经历了性行为和性虐待[6]。据说在奥普拉9岁那年，她的表兄强暴了她，事情就是从那时开始的。从很小的时候，奥普拉就自甘堕落，在性方面开始放纵。她的妹妹说，奥普拉甚至在13岁时就趁妈妈不在家时卖淫[7]。奥普拉的母亲感到无法管束自己的女儿，又把奥普拉送回到了弗农那里。

整个人，整个生命
Whole Persons, Whole Lives

然而为时已晚。当奥普拉来到弗农家，在东纳什维尔第一个种族融合的高中班注册后不久，她就发现自己怀孕了。1969年2月，刚刚年满15岁的奥普拉产下了一个男婴。

至此，以上这些都看似一个最熟悉不过的故事：一个未婚先育的孩子，出身贫穷，并且重演着母亲的苦难人生。但奥普拉的孩子是个早产儿，一个月之后就夭折了。正如弗农对她说的，"上帝已经带走了这个孩子，所以我认为这是上帝在给你一次新的机会。"[8] 这样的事件就如怀孕一样，它会改变人的一生。对奥普拉而言，这件事意味着将所有的过去都放下，重新开始生活。

奥普拉之所以能够轻松前行，是因为她已经不再将自己定位为未婚少年妈妈。在她15岁时，她制定了一个宏大的计划，不想让任何事情阻挡她前行。而且，她所设想的未来——成为著名的娱乐界人士，是基于她所具有的天赋和人格特质，她的这些天赋和人格特质，在她还是一个小女孩的时候，就使她成为一个表演者了。

在奥普拉3岁时，她的这些天赋和特质就已显露出来，当时她在教堂背诵圣经故事就博得一片喝彩。她还说过，10岁时，她

同一性：编织个人故事
Identity: Creating a Personal Story

看到戴安娜·罗斯在电视节目《埃德·沙利文秀》里大受欢迎，当时她就有一种强烈想要上台表演的欲望。对于当时开始建立自我同一性的奥普拉来说，魅力四射的非裔美国歌手的一举成名使她相信，她同样可以成为明星！虽然她青春年少时有过一段时间狂放不羁，但她依然相信自己一定会出名，她的眼里只有那份荣耀。

在孩子事件发生之后，奥普拉不再放纵自己，她紧紧抓住了她的第二次机会。当时正值平权法案实行，奥普拉所在的种族融合高中为她带来了新机会，学校开设了演讲和戏剧课程，这些课程为奥普拉赢得演讲比赛做了很好的准备。当奥普拉还在读高中时，她就获得了一份兼职，在纳什维尔非裔美国人的电台当播音员。17岁的奥普拉没有滑向未婚少年妈妈这一不归之路，她反而走出了自己的人生之路，因而受到了同学们的羡慕。

随后她获得了更大的成功。在电台的工作表现很快使她获得了当地电视台的一份工作，在她20岁那年，奥普拉成为纳什维尔第一个在电视荧屏上露面的黑人女性。几年之后，她又受雇成为巴尔的摩的晚间新闻主持人。之后，在经历了一些挫折之后，已相当老练的29岁的奥普拉又去了芝加哥，在那里打造了很快就在全国转播的奥普拉·温弗瑞脱口秀节目。

整个人，整个生命
Whole Persons, Whole Lives

虽然奥普拉的职业成就还在继续，但她的个人生活并不那么尽如人意。在她 20~30 岁期间，她曾和一些男性有过强烈的感情，但这些男性都没能和她在一起。而且，她也曾为自己的体重一度挣扎过。当她到芝加哥时，她的体重一下窜到了 106 公斤。奥普拉没有想要隐藏自身的这些问题，相反，她知道自己可以将某些不利转变成优势。

最为著名的例子就是 1985 年的一场有关童年性虐待的脱口秀节目，在节目中，奥普拉泪流满目，出人意料地透露她自己也曾经在幼年时遭强暴。奥普拉没有被当做无辜的受害者而受到可怜，相反，她很高兴地发现，人们把她当做不畏艰难、重新生活的代表和妇女权利的代言人。她的肥胖问题也从令人感到羞耻转变成了她所能面对的挑战，她愿与很多有着同样问题的观众一起分享。

公众对奥普拉奋斗人生的同情，刺激她想要重新塑造其个人神话。奥普拉不单想做如戴安娜·罗斯那样魅力四射的明星，她也成为了自我接纳和重新奋起的赢家。多年之后，奥普拉甚至开始认为自己的角色是要服务于更为崇高的事业。正如她自己所讲的那样："我是上帝的一个工具……我的节目就是我的布道。"[9] 随着她声名鹊起，这种精神层面的工作以多种形式开展起来。

同一性：编织个人故事
Identity: Creating a Personal Story

同一性是一个故事

奥普拉的故事耐人寻味，因为她已变得如此成功。但它也显示出一些因素，可以决定我们以何种方式在头脑中形成有关自己是谁的认识。我们每个人都具备与生俱来的、反映一组特质和才能的基因。我们每个人都生活在各种可能发挥影响力的环境中，如性别、家庭、社会阶层、民族、文化、种族、宗教以及世界上正在发生的事件。我们每个人都遇到过偶然事件、机遇以及各种遭遇。在我们每个人身上，这些因素相互作用并被整合起来，从而形成我们应对世界的典型方式。我们每个人都会形成对规则和目标的一种内在感觉。虽然处事的典型方式和对规则和目标的内在感觉都未经过太多有意识的思考，但我们每个人都会以故事的形式总结出各自的模板[10]。

以奥普拉为例，她的故事是天赋战胜贫困、虐待、种族歧视和青少年期所犯错误的一个典型例子；是雄心壮志带来成功机会的故事；是勤奋工作获得职业晋升的故事；是逐渐意识到对自己的接纳可以教导和激励他人的故事。具体而言，她告诉我们，她很小就清楚自己会成名，她虽然因不公平的遭遇和自己的堕落而

整个人，整个生命
Whole Persons, Whole Lives

放弃过，但她并不因此就停滞不前，而且最终她不仅为自己的理想服务，还为上帝打工。

这真的是奥普拉的故事吗？有多少是她杜撰的呢？她遗漏了什么？同样，这些问题可以拿来问我们每个人。我们发现很难回答，因为我们都受到了一些事件或遭遇的影响，但对这些影响并不自知，其中包括很多偶然事件[11]。即使我们会特意做出有关各种工作或关系的决定，我们也不是真的清楚它们是如何起作用的。随着我们形成同一性，一些重要的记忆就无意识地被修改，以便与我们的内在自我形象保持一致。过去被重新塑造，以便形成一个更为一致的故事。下面就是埃里克森所描述的如何编撰个人故事以形成同一性：

"长大成人意味着在许多其他事情中，能以一种连续性的眼光去看待自己的生命，不管是回溯，还是前瞻。成年人通常基于自己在一个经济体中的职能、在家族中的位置以及在社会结构中的地位形成对自己的认识。之后，成年人就能够据此选择性地重建自己的过去。一步一步地，似乎过去已经设计了他，或更确切地说，他似乎设计了过去。从这个意义来看，我们的确在心理上选择了我们的父母、我们的家族史，

同一性：编织个人故事
Identity: Creating a Personal Story

选择了我们的王、英雄和神的历史。通过我们自己的创造，我们谋划自己，内在地定位成所有者和创造者。"[12]

以奥普拉为例，她的亲戚对她经选择之后重构的某些故事表示了质疑。例如，一位表兄对其有关童年期极度匮乏的回忆提出了不同意见："她没有说实话，事实并非如此……哈特姨妈为她带回家那么多的衣服、布娃娃、玩具还有小人书，……还有各种丝带和百褶裙。"[13] 奥普拉的家族成员中有不少人对奥普拉所描述的童年期的性虐待进行了驳斥[14]。但没有人可以否认奥普拉还是小女孩时就经受了生活的艰辛，她穿梭于分处不同城市的父母之间。也没有人能否认奥普拉14岁时面对的困难，她怀孕，生下一早产男婴并夭折。所以，即便在细节上有些不确切之处，但奥普拉的故事仍然可以被看做是对战胜困境、成就天赋、努力工作和远大决心的生动叙述。而且，虽然我们对奥普拉的故事所知确实有限，但仔细研读她的故事有助于我们更好地了解她。

本杰明·富兰克林也对自己的故事进行过选择性的创造。正如沃尔特·艾萨克森在谈论富兰克林的发明时所指出的那样："富兰克林所发明的最为有趣的且还在持续不断再发明的事物乃是他自己。他是美国第一位伟大的政治家……他小心翼翼地勾画出自己的个性，在公众面前饰演它，并且为了后世子孙而不断加以打磨。"[15] 不管怎样，富兰克林在他的《自传》中所讲述的故事，仍然能让我们清楚地了解到他的真实面貌。

埃里克森并不受这些创造性的影响。相反，他认为这些创造性的解释对构建一个人一致的同一性非常重要。对青少年尤为如此，因为处于该阶段的个体，会被与自己成长迥异的观点和态度所吸引，从而内心充满挣扎。我们希望有所变化，又希望保持连续性，我们会向那些支持我们理想的朋友和环境寻求帮助，有意或无意地创造故事来向自己解释这样一种新的融合[16]。

随着生命历程的展开，我们经历越来越多的新挑战，这个故事也变得更加丰富。埃里克森强调，我们在完成初步的同一性之后，仍会用三个关键的阶段来重塑自我[17]。他称成年早期的挑战为"亲密对孤独"，这在发展亲密的朋友关系和长久的浪漫关系时会遇到。他称成年中期的挑战是"繁殖对自我专注"，这在养育孩子、教导孩子以及对社会做贡献时会遇到。他称成年晚期的挑战是"圆满对绝望"，这在一个人带着理解和满足回首一生时会遇到。

对埃里克森而言，按时间顺序去考虑这些挑战是很自然的事

同一性：编织个人故事
Identity: Creating a Personal Story

情。但他同时也意识到，我们一生都在为解决这三对矛盾而努力。亲密感不仅仅是在成年早期会出现，为他人利益而奉献或许在中年之前就出现了，我们对完整自我的满意也不一定要在我们身处养老院时才有。所以，尽管将一个人一生的故事切割成一些发展阶段会很有用，但我们也必须意识到它们之间是有交叉的。对人生故事的所有内容进行全面的编辑——以及它所代表的同一性——不仅对制定未来的计划是必要的，而且对适应当前和接纳过去也同样是必要的。

尽管这个过程有些复杂，但我们一直都受持续进化的自我同一性的引导，受我们对常与我们交往的人的同一性推断引导。我们通过故事——从回首过去，到展望未来——做出这些推断。

斯蒂夫·乔布斯讲述的三个故事

我们不单单创造故事，内在地使自己意识到我们是谁，我们也会把自己的故事告诉他人，投射出我们的同一性。当我们想去认识某人时，我们会倾听那个人的故事，我们也会讲述自己的故事。

整个人，整个生命
Whole Persons, Whole Lives

彼此分享故事有助于我们互相了解，这种了解，通过简单的行为观察是做不到的。

个人故事含有丰富的信息，这方面的一个例子是乔布斯所做的一次演讲。2005 年，斯蒂夫·乔布斯在斯坦福大学的一次演讲中讲述了他自己的三个重要人生片段，以及他从中吸取的教训和经验[18]。

乔布斯所讲的第一个故事是关于他的大学生活。从他 17 岁就读里德文学艺术学院说起，那时他是一个很有前途的学生。但"6 个月过后"，乔布斯说，"我不知道我上大学有何价值，我不清楚我这一生想要做什么，也不知道读大学能对我有什么帮助。而在这个学校，我花掉的可是我父母一生的积蓄。所以，我决定退学，我相信一切都会好起来。"

但乔布斯不是一般意义上的辍学。从课程要求中解脱之后，他决定自学，所以他在里德学院又待了几个学期，就睡在朋友宿舍的地板上，靠回收废弃可乐瓶挣钱买食物，而且他还去蹭那些他感兴趣的课。其中一门是书法课，他非常喜欢这门课，以至于他后来坚持在苹果电脑字库里包含进多种字体。从这一经历中他得

同一性：编织个人故事
Identity: Creating a Personal Story

到了两个教训："我因自己的好奇心和直觉而陷入的困境在后来都被证明是无价之宝"，以及"你们必须得相信，你们所经历的点点滴滴，会在你们未来的生命里，以某种方式串联起来。你们得相信某些东西——不管是什么，你的勇气也好，天意也好，生活也好，因缘也好。"

第二个故事则跳过了乔布斯20岁时和斯蒂夫·沃兹尼亚克初创苹果公司的经历，讲述了自此10年后他跌至人生的低谷，被他招聘来做苹果CEO的约翰·斯库利解雇。起先，乔布斯感到很羞耻，但随后他又在皮克斯公司创造了新的辉煌。后来乔布斯意识到："从苹果被解雇是我所遭遇到的最好的一件事。追求成功的沉重感没有了，取而代之的是作为新手重新上路的轻松感，任何事情都不确定。它解放了我，使我迈入了我一生中最富创造力的一段时期。"12年之后，乔布斯重返风雨飘摇的苹果公司，主持全面工作，重振旗鼓。

第三个故事是关于他人生的另一个低谷。2004年，因被诊断出患有胰腺癌，乔布斯接受了外科切除手术。从这件事他又得出一个教训，他不仅没有懈怠下来，相反，这次频临死亡的经历使他更为坚信："生命是有限的，所以不要再浪费时间活在别人的生

整个人，整个生命
Whole Persons, Whole Lives

活里……最为重要的是，要有勇气倾听自己内心的声音，跟随自己的直觉。"

以上三个故事告诉了我们很多有关斯蒂夫·乔布斯的情况，同时也告诉我们他是如何看待自己的。从 17 岁开始，他就很自信、足智多谋、自律且有雄心壮志，他顺从自己的好奇心，按自己的方式做事。当 30 岁面临危机时，他还是能依靠他的这些品质，卷土重来。当身患癌症时，他再一次地依靠了他所拥有的这些品质。

演讲结束时，乔布斯总结了其自我同一性的核心，正如以上三个故事所反映的，他概括为："求知若渴，虚心若愚"（Stay Hungry, Stay Foolish。与中国《道德经》里的"大成若缺，大智若愚"相近。——译者注），这句话也是《全球概览》杂志的座右铭。对乔布斯而言，这句格言中所隐含的强烈的动机和好奇心正是他所具备的。他也将此推荐给斯坦福大学的新一届毕业生，以此共勉。

然而，我们还可以通过其他途径来了解斯蒂夫·乔布斯。虽然他自己的叙述提供了很多信息，但别人对乔布斯的介绍也会增加我们对他的了解。在"斯蒂夫·乔布斯的问题"一文中，《财富》

同一性：编织个人故事
Identity: Creating a Personal Story

杂志的编辑彼得·艾尔金德总结了一些有关乔布斯的故事[19]。

在艾尔金德收集的故事中，他提到了一些问题，其中很多都是由于乔布斯的低宜人性特质所致，这个特质在高层商业领袖人物中是不多见的。据艾尔金德所知，乔布斯喜欢"流露出自得之意"（自负），"经常严斥下属"（硬心肠），"一怒之下就辞退员工"（好斗）以及"诡诈至极，无人不晓"（疑心重，善欺瞒）。艾尔金德还发现了低宜人性在其身上表现为三类问题：自恋，表现为自鸣得意，坚持己见；偏执，表现为一定程度的诡诈，与他一起在硅谷共事的同事甚至也认为这一点很突出；反社会，有报道称"乔布斯将他的梅赛德斯车停在了残疾人专用停车位上"，以及他纵容将股票期权日期倒填（The Whole Earth Catalog）。

艾尔金德所提出的另外一个问题是完美主义，这是乔布斯非凡能力的另一面。也因此，约翰·斯库利称乔布斯为"狂热分子，他的愿景太过纯粹，所以他无法与这个世界的不完美相适应"，基于此，他于1985年将乔布斯解聘。这个特点也会导致乔布斯的低宜人性，如果他的下属没有达到他期望的标准，乔布斯就斥责他们为"笨蛋"、"蠢货"。

整个人，整个生命
Whole Persons, Whole Lives

但对乔布斯而言，我所提到的这些问题或许正好是其求知若渴、虚心若愚的不良副产品。如果你问乔布斯为什么他对人苛刻，他或许会说他也想对人好，但这样他就无法实现他所追求的卓越了。如果你问他为什么就不能放松些，不要做一个控制狂，他或许会辩解说，那样的话就很容易堕落成平庸的人，他只是不愿意降低他的标准。他或许还会继续对你说他之所以这样，最根本的理由不单单是为了其产品的美观与雅致，而且还要追求产品的社会价值和商业成功。

如果从这个角度来看，我们有理由认为，乔布斯个人神话的大部分在他的三个故事中真实地体现出来了。当然，他或许也会告诉我们其他一些重要的故事，如他是一个收养子，寻找过自己的生身父母；他年轻时沉迷佛学，尝试过 LSD（一种迷幻药）；自己如何对待他 23 岁时未婚先育的第一个孩子；以及他与妻子和孩子的关系——如果你想深入了解乔布斯的话，这些事件都值得关注。但工作显然主导着乔布斯的人生，"求知若渴，虚心若愚"是他解释他为何这样对待人生的方式。

能如此简练地总结出人生准则也不是什么特别之事。毕生致力于研究人生故事的丹·迈克亚当斯[20]发现，当人到中年时，这

同一性：编织个人故事
Identity: Creating a Personal Story

些人生准则就会变得趋于一致。尽管为了适应变化的情境还会稍有些调整，但随着我们的人生故事越来越成熟，不一致的情况就会越来越少。于是，我们的个人神话的精髓就可以被精炼成几个简单的词语，我们就可以告诉自己，还有他人：我们到底是什么样的人。

整个人，整个生命
Whole Persons, Whole Lives

注　释

1　Bruner（1985，1990）。
2　McAdams（1993），p. 266。
3　Erikson（1980）。
4　McCrae和Costa（2003，p. 191）称这些和世界相处的典型方式为典型适应："这些方式是典型的，因为他们反映的是人格特质持久的作用；而且也是适应的，因为他们是根据环境所提出的要求和机会而做出的反应。"若想了解有关其他典型适应在同一性和人格方面作用的观点，可参见McAdams和Pals（2006），McAdams和Olson（2009），Roberts和Robins（2000），Bleidorn等（2010）。
5　Friedman（1990）。
6　有关奥普拉的人生的细节主要源自Kelly（2010）。
7　Kelly（2010），p. 34。
8　被Kelly（2010），p. 40所引用。
9　被Kelly（2010），p. 3所引用。
10　McAdams（1993）。
11　Bandura（1982）。
12　Erikson（1958），p. 111。
13　Kelly（2010），p. 24。
14　Kelly（2010），p. 34。
15　Isaacson（2003），p. 2。
16　写回忆录的作者们也都认为创造性很重要。在《创造真相》一书中，Zinsser（1998，p. 6）告诉我们，"撰写回忆录的人必须要创造文本，在一堆只能隐约回忆起的事件中加入自己想要表达的内容。正是通过

同一性：编织个人故事

Identity: Creating a Personal Story

这些有技巧的处理，他们才能创造出他们自己所知道的真相。"

17 Erikson（1980）。

18 如果想了解全部内容，你可以观看 You Tube 网站上关于乔布斯的毕业演讲视频：www.youtube.com/watch?v=UF8uR6Z6KLc。

19 Elkind（2008）。以下所引用的话语都是艾尔金德所说或所引用的。

20 McAdams（.1993）。

7

一幅整合的画面

本书开篇,我曾引用过一段著名的论述:

就某些方面而言,每个人,
(1)和所有人都一样,
(2)和一些人一样,
(3)和任何人都不一样。

这段话出自人类学家克莱德·克拉克霍恩和人格研究的先驱亨利·莫瑞[1],写于1953年,当时 man 这个词还被广泛用作 person 的同义词。他们的这段话一直都提醒我,要理解一个人不仅仅要关注他的与众不同,更要看到人与人之间的共同之处。

整个人，整个生命
Whole Persons, Whole Lives

虽然这看似显而易见，但当我们想要了解一个人时，首先需要承认的是我们所共有的人性。我们每个人都有一个人类基因组和一个人脑。我们都曾经是个孩子。我们都是在复杂的文化背景下长大，面临一些相似的挑战。所以在考虑某个人所具有的独特个性之前，很重要的一点就是要先停下来想想，回忆一下我们是如何成长为现在这样的，以及人与人之间有多少共性。

当我们有意识地认识到这些共同之处之后，我们就已经准备好去考虑他和其他人之间的显著不同了。在本书中，我已经阐述了几种思考这些差异性的方法，下面我将通过回顾本书一开始所举的比尔·克林顿和巴拉克·奥巴马的例子，告诉你如何将这些方法整合在一起。

我之所以选择这两个我们所熟知的人物，是因为你或许在很多不同的场合里亲眼见识过他们。即使你没有对他俩进行过有意识的思考，或许凭本能你也已经形成了对他们的一些认识。这份直觉，正是我们以一种系统性的方法对他们的个性进行评价的原始素材。[2]

一幅整合的画面
Putting It All Together

用系统性的方法解读

进行这种评价，一个很好的办法就是从"大五"人格及其具体层面开始。当我们遇到一个陌生人时，尽管我们会对此人身上所具备的"大五"人格特质形成初步印象，但只有当我们了解这个人在不同的情境中如何表现后，我们才能调整最初的印象。所以，我们一开始认识别人时给出有关其"大五"人格的分数是基于很多观察的平均数，是非常粗略的。当我们在心里计算一个人的"大五"人格各个特质的平均分时，还有很重要的一点是，我们尤其需要关注这个人的典型行为特征[3]。

在运用"大五"人格时，我从外向性开始，因为它通常比较容易测量[4]。然后我会依次考量宜人性、责任心、神经质和开放性。我发现以这样固定的顺序去做最初的调查是非常有用的，但当我在心里进行修正时我就会自由地选取。尽管我在评价人方面已经小有经验，但我依然发现"大五"人格这一简单的工具有助于我关注那些我可能会忽略的人格层面。

对一个人的"大五"人格及其各层面进行考察之后，下一步就是要关注那些非常突出的特质了。例如，比尔·克林顿最突出的特点是外向性非常高。我在第 1 章中已经介绍过，他的其他突出特点是相对较低的责任心，以及在宜人性上的得分比最初所显现出来的还要低。相比之下，巴拉克·奥巴马的责任心比克林顿要高得多，但他的外向性明显较低。奥巴马在神经质上的得分也特别低，以至于他的顾问们有时不得不提醒他发泄那些负面情绪才行。

我确定了一个人身上所具有的最显著的特质之后，就开始看他的类型。首先，我要看的是四种看待自己的方式，这些方式可能是有问题的："我是独特的"，"我是正确的"，"我是脆弱的"以及"我是孤独的"。如果我发现有吻合的地方，我就会将这个人的特点与"十大"问题人格类型相比较。像"我是独特的"，我认为是反社会型、表演型或自恋型；像"我是正确的"，我认为是偏执型或强迫型；像"我是脆弱的"，我认为是回避型、边缘型或依赖型；像"我是孤独的"，我认为是分裂样型或分裂型。

尽管最初确立这"十大"人格类型时是因为其极端形式都具有适应不良的特征，但其不极端的形式还是很常见的，因而在每个人身上进行考察也很有必要。即便这些类型中没有一个能完全充分地描述一个人，它们也还是可比较的点，有助于你澄清自己

一幅整合的画面
Putting It All Together

的真实观察所得。即使你没有看到任何"十大"类型所涉及的特点，这本身也是一种信息。

克林顿和奥巴马可再次作为典型的例子。以克林顿为例，他确定无疑地认为自己是独特的。尽管他完全有理由为自己特别的天赋而感到自豪，但他强烈地想要众人崇拜他，这种渴望使他给人的印象是颇为自恋。这种想要被热情的粉丝簇拥的感觉在那些领袖身上很常见，这种感觉能激发他们的雄心壮志，让他们有所成就。当他们对自己的优越感深信不疑时，他们就会表现得自信，而且能从巨大的挫败中恢复过来，就像克林顿一样。

克林顿还表现出这一类型某些不好的方面。其中之一是他认为自己有资格去利用他人，还有一点是觉得自己无往不胜，这样的想法不利于其做出正确判断。正是因为他觉得自己有这种资格和不可战胜，所以在接受早前不当性行为调查时，他陷入了与白宫实习生旷日持久且伪装拙劣的性关系丑闻之中。如果你不明白克林顿何以为此铤而走险，为什么在掩盖自己的行为时如此不小心，那你最好记住，这些行为在不可战胜的自恋者身上是不足为奇的。所以虽然克林顿的这种自恋很多时候对他颇有帮助，但也会带来明显的不利。

整个人，整个生命
Whole Persons, Whole Lives

奥巴马的个性和克林顿非常不同，他不属于这"十大"人格类型中的任何一种。虽然奥巴马和克林顿一样出色，但他从来不认为自己是独特的。虽然奥巴马不是特别喜爱社交，虽然他喜欢独处，但他也不是离群索居者。虽然他有明确的目标，自己的主张，但实际上他不盲目认为自己就是对的。他的冷静和低神经质使得他一点都不脆弱。在奥巴马身上，我看不出任何不适应类型的迹象。

对人格类型的关注，不仅仅是将注意力从对特质的描述转到对其适应性的评估上，它还为我们提供了依据外在的道德标准进行判断的舞台。适应性标准基于那些对人有效的行为，与此不同，道德标准受到我们对好与坏的直觉判断的影响。道德判断之所以这么吸引人，是因为它们不仅受到诸如同情心这样的积极情绪的影响，而且也受到诸如鄙视这样的消极情绪的影响。在决定你对一个人的看法时，通过道德这面透镜，你的观点就会变得更加清晰。

需要切记的一点是，道德判断的标准是由我们所属的文化和亚文化塑造的，这种文化差异在对巴拉克·奥巴马和比尔·克林顿做道德判断时也会起到重要作用。某些政治团体会认为他们中的一个或两个在道德上还颇能鼓舞人心，但也有一些政治人士看不上奥巴马，认为他故作清高，缺乏魄力。对克林顿则鄙夷不屑，认为他放肆妄为，是个"大大的滑头"。

这些道德观点通常是对那些我们感兴趣或不感兴趣的具体特点所做的本能反应。但如果想要了解一个人，我们必须超越我们的本能反应，对个人品格的长处和不足进行系统评价。其中一个好办法是考虑此人在如下三个品格领域的情况：自我指向性、合作性和自我超越性。之后，我们再通过考察此人在节制、勇气、人道、正义、智慧和超越性六个核心价值方面的表现，以此形成对他的全面了解。

在有意识地进行道德评价时，我认为很有必要注意一下我们在多大程度上依赖普适标准，又在多大程度上依赖不同的文化标准。我发现这对于判断克林顿和奥巴马性格的优缺点很有帮助，因为它促使我意识到我所持有的文化偏见，而且它也促使我在关注他们的生命故事时持有更为开放的心态。

思考一个人的生命故事就像是打开了通往细节的闸门，这些细节在特质、类型和美德等相对抽象的调查中会被忽略掉。正是在某个人的生命故事中，我们能找到那些使之独特的很多特征。

整个人，整个生命
Whole Persons, Whole Lives

从身体特征如性别和外貌，到社会经济、民族、宗教以及文化各因素，到家庭结构和受教育的机会，再到幸运或不幸的遭遇，等等，如果我们没有事先对此人的人格形成一个初步的印象，或许这么多的信息就会把我们淹没。因为事先已经按我之前所述的方法形成了对一个人的可行观念，所以我们就可以尝试去理解所有这些其他因素是如何影响对一个人的同一性的感觉。

奥巴马和克林顿依然是很好的例子，因为他们已经在自传中为我们讲述了很多故事。在自传中，他们解释了自己在处理一系列挑战、机遇和幸运事件时的思维方式。所以，阅读他们的自传能为你提供有关某个人神话的丰富线索。如果你开始就对其特质、类型和道德特点形成了一个大致印象，那么阅读自传就会更有收获。

奥巴马和克林顿的故事有很多共同之处。他们都是家里的老大，他们的母亲都富有冒险精神且有雄心壮志。他们两人都与亲生父亲没有太多或根本就没有什么联系：克林顿的父亲在克林顿出生前就死于一场车祸，而奥巴马的父亲在他两岁时就离开了他，之后也死于一场车祸。他们的童年都有一部分时间是和祖父母一起度过的。他们两人都有继父，都在四十多岁时当选为总统。

一幅整合的画面
Putting It All Together

但他们各自所形成的同一性和所走过的路却非常不同。克林顿在中学期间就立志要从政。他在自传中说,"大约在我16岁的时候,我决定想成为一个政治人物,当选为政府官员……我知道我在政界一定会很出色的。"[5] 17岁那年,他作为阿肯色州的参会代表参观了白宫,这次会议是向联邦政府推荐高中生,克林顿冲在了队伍的前头,抢着和肯尼迪总统拍照留念。在乔治敦大学就读时,他跟随阿肯色斯州参议员福尔布莱特实习,试图在政界寻求立足点。从耶鲁法学院毕业后一年,年仅28岁的他参加了国会选举。32岁那年,他就当上了阿肯色州州长。

奥巴马则花了很长时间才明确自己是谁。他所面临的最大问题是自己的混血儿身份,父亲是肯尼亚人,他说父亲"像沥青一般黑",母亲是堪萨斯州人,"像牛奶一般白。"[6] 奥巴马由白人外祖父母养大,他说其明显的非洲裔血统使他觉得自己和那些在夏威夷Punahou学院的同学不一样,他青年时期的大部分时间都在"努力培养自己成为一个美国黑人。"[7] 从哥伦比亚大学毕业并在纽约经过生活的历练之后,他搬到了芝加哥南部,将自己置身于非裔美国人的文化中,作为一名社区组织干事,他为捍卫社会正义而工作,从而构建自己的同一性。

整个人，整个生命
Whole Persons, Whole Lives

在芝加哥时，奥巴马明确了自己的目标，他开始准备就读哈佛法学院。他已做了走得更远的准备，并成功当选为《哈佛法学评论》主编。这使得他获得了全国的关注，并且签订了《我父亲的梦想》一书的合同，这些都奠定了其政治生涯的基础。接下来所发生的事就世人皆知了。由于他的才智、所受的教育、鼓舞黑人选民和白人选民的能力，以及莉莎·芒迪精辟地总结的"一系列幸运事件，"[8]奥巴马一跃至巅峰。47岁时，他成为美国总统。

奥巴马和克林顿人生故事的差别体现在他们人生目标的不同，以及他们所形成的同一性的不同。克林顿最为主要的目标是运用他的说服能力成为政界领袖，这个目标在他青少年期时就早已明确。由于他对受人钦羡更感兴趣，而对做具体的决策不感兴趣，所以他在一些重大事件的立场上容易变来变去，这既为他带来了成功，也招致了谴责。在顺利度过重大丑闻事件之后，他又重新成为人们注意的焦点，享受他贪婪追求而来的知名度。

与克林顿相反，奥巴马更感兴趣于改变这个世界，而不是获得众人的热情认可。他的指导原则是将所有人团结在一起，这点也明显与他个人相关。正如他在《无畏的希望》一书中所告诉我们的那样："我们人类正在变得越来越相像，而不是越来越不同……

一幅整合的画面
Putting It All Together

冲突的特性没有规律可循，然后，各种文化紧密结合，形成新的文化。在前景不可预知的环境下，民众的信仰渐渐地不再坚定。轻率的预期和简单的解说正在被不断地颠覆。"[9]忠实于这一观点，奥巴马认为他2008年的当选是社会和谐和全人类联合趋势的明证。但是他这个愿景将如何实现呢，我们拭目以待。（北京时间2012年11月7日，美国大选揭晓，巴拉克·奥巴马连任美国第45届总统。——译者注）

像克林顿和奥巴马这样拥有丰富故事的人并不多，但每个人的人生故事基础组成部分却是一样的。特质、才能、价值观、环境和运气构成了我们的故事，我们可以在每个人的人格全景中看到每个组成部分的重要作用。为了能整合这幅画面，我觉得本章所讨论的以下几个步骤是非常有用的：

1. 记住我们共同的人性和人格发展的共同方式。
2. 形成一个"大五"人格的轮廓，并注意那些明显的特点。
3. 寻找潜在的问题类型。
4. 运用普适标准和文化标准进行道德评价。
5. 聆听一个人的故事，并将此与你所观察到的现象联系起来。
6. 整合你发现的所有信息。

整个人，整个生命
Whole Persons, Whole Lives

通过这些步骤，我将我所观察到的和凭直觉所获得的信息有机地组合在一起，形成整体的看法。这样，我就能注意到这个人与他平常所不一样的地方，就可以将这人不太一致的信息整合进来，从而进一步丰富有关其人格的全景图。最后获得了关于这个人的生动画面，它整合了我一步一步所拼凑出来的内容，一旦整合了，我就将它视做一个整体。虽然我可以经常解构这幅画面，增加一些重要的新信息，但它们是以一个有组织的直觉形式，存储在我的大脑中，而且整体图景也使我能站在这个人的角度去考虑问题。

认识与变化

系统性地勾勒出一个人的人格画面，不仅有助于我们理解一个人，而且有助于我们更清楚地思考一个我们可能会遇到的大问题：这个人会改变吗？

答案取决于你所关注的这个人的性格特点。"大五"人格特质会在成年早期稳定下来，至中年时会更为稳定[10]，人格类型也是如此。所以，当你已经对某人的人格特质和类型有了清晰认识之后，

一幅整合的画面
Putting It All Together

你最好假定你现在所见到的就是你以后能看到的。

但是价值观受文化的强烈影响,有时也会有很大的变化。这在稳定的传统文化背景下很少发生,但在那些开放的文化情境中,如鼓励个人探索的当代美国就会经常发生。虽然这种探索大多数持续发生在青少年期和成年早期,在强调自主的亚文化背景中成长起来的某些人,后来却可能会被吸引到强调集体和神性的亚文化中,甚至由此而获得"重生"。而那些在宗教亚文化背景中长大的人,可能会抛弃他的信仰,而投身于世俗文化中。

个人故事以及故事所要彰显的个人同一性也同样会改变,重要的生活境遇对此会有非常大的影响。婚姻会带来显著的影响,离婚也是。孩子的出生会是一个重要的转折点,而孩子长大离开家也同样如此。获得一份重要的工作会带来变化,同样,失去一份重要的工作也会引起很大变化。这些重大事件中的任何一种,都会改变使我们的人格得以稳定的环境因素,从而为我们提供机会去重新思考我们是谁、我们要去向何方[11]。心理治疗或许也会激发人们修正个人对故事的叙述,治疗成功与否似乎也取决于此[12]。所以,如果你长时间关注一个人,你就会发现他的个人故事会发生一些变化。

整个人，整个生命
Whole Persons, Whole Lives

但你最感兴趣的变化有可能是那些更当下、更个人化的变化。你所希望的这些变化，可能就出现在你当前的某种亲密关系中。它们正在以一种你喜欢的方式，逐渐地改变着他们的日常行为。

假使你正在期待这样的变化，那么用你在本书中所学到的内容，重新思考这个问题，这将对你很有帮助。现在，你对这个人哪个方面的认识正在困扰你？它与你目前所了解的人格整体结构相符吗？它是情境化的？基于文化的？还是对某种特定环境因素的反应？你能做些什么来使答案明了呢？

设计这些问题，并不是为了向你表明如何去改变一个人，相反，而是为了厘清你对已然所是的那个人的人生过程的理解，强调那些你欣赏的特点和你所不喜欢的特点，帮助你在已经对某个人有所了解的基础上真正看清一个人。

然而，在这个过程中，有可能发生变化的是你选择什么方式与这个人相处。虽然与人每时每刻的关系都是即兴的，但一开始就明白你是如何看待某个人，以及你想如何与他相处，无疑对你大有裨益。即兴发挥很关键，但有所准备是有益的。正如德怀特·艾森豪威尔所指出的那样："备战时，我总是发现计划无用，但计划

一幅整合的画面
Putting It All Together

又绝对不可或缺。"

　　但最终,搞懂人这件事的最大价值超越了其实用性。我们从了解人与人的差异以及最根本的相同中获得了快乐;我们在充分认识那些与我们一同分享生活的人的人性中获得了快乐。

整个人，整个生命
Whole Persons, Whole Lives

注　释

1　Kluckhohn 和 Murray（1953）。
2　高登·奥尔波特非常清楚我们会仰赖这种自然的直觉能力，开始有意识地对人进行评价。对他而言，学会分析一个人的人格特点就如同学会分析一首乐曲。正如他解释的那样，"没有人是学着去听交响乐的音调的，但别人可以教我们如何去听，去寻找那些重要的特征。生命中大部分的教诲都是在分析、在给予知识、在建构一套可用的推论。我们不能教会别人去认识物体的整体（这个物体就存在于那里），但我们可以进行指导，这样被指导者就能丰富他建立联系的方式。人格也一样：我们不能教会人们对某种人格类型的理解，但我们可以提醒他们关注细节、法则、原则以及具有普遍性的规则，这些是能够经由比较和推论而加深理解的。"（Allport[1961]，p.547）
3　对"大五"人格某一特质进行细致描述的一个很好的例子是 Lev Grossman 撰写的年度人物——Facebook 创始人马克·扎克伯格的文章。在文章中，他对扎克伯格在外向性上的得分进行了考量。采用"大五"的框架有助于我欣赏、整合并记住 Grossman 颇有见地的评价：

"扎克伯格经常——或许总是——被描绘成一个冷漠、社交关系很差的人，但这非常不对。事实是这样的：和他谈一次话是很有挑战性的。他谈起话来，就像数据交换一样尽可能要快而高效，而不是为了谈话而谈话，把谈话当作一项休闲娱乐活动。他反应太快了，说话迅速而准确，一旦他没有可以说的话了，他就戛然而止。（'我通常不喜欢那些和我太有关的东西'，这就是我和他第一次面谈时的第一句话。）你不能期待他会做什么回应，或者通过面部表情给你以鼓励。他惯常的表现是用一双大眼睛直勾勾地瞪着你，以至于你会疑惑自己前额上是不是有只蜘蛛……

一幅整合的画面
Putting It All Together

"尽管如此——这点是通常会被忽略掉的——扎克伯格是温和的,并不冷漠。他会迅速笑一下,不会因为害羞而不看你。他思维敏捷,说话很快,但他希望你能跟上他。他不表现出生气或焦虑,而是一种奇怪的平静。当你和他的同事对话时,他们是如此坚定的宣称自己对他的喜爱,并且坚持要你不要误解他的奇怪之处,所以你明白他们这么说并不是为了保全自己的工作,人们是真地喜欢他……

"事实是扎克伯格不是一个不合群的人,他不是一个孤僻的人。他恰恰是与之相反的一类人。他将生命的全部倾注在建立一个紧密、支持、彼此密切联系的社会环境:首先是在扎克伯格家族里,然后是在哈佛的宿舍里,现在就在 Facebook 上。在这个网站上,他最好的朋友就是他的员工,他们没有办公室,他们的工作很了不起。扎克伯格喜欢被人环绕。他建立 Facebook 网站并不是为了他能有像我们这些人一样的社交生活,他建立这样一个社交网站是因为他希望我们这些人都能有像他那样的社交生活。"

4 Funder 和 Sneed(1993)。
5 Clinton(2004)。
6 Obama(1995)。
7 同上。
8 Mundy(2007)。
9 Obama(2006)。
10 Roberts 和 DelVecchio(2000),McCrae 和 Costa(2003)。
11 Roberts 和 Caspi(2003)。
12 Avdi 和 Gorgaca(2007);Adler 等(2008);Salvatore 等(2004);Wilson(2002)。

致　谢

《人格解码》这本书源自我自己一生对人格差异的好奇。我写这本书，也是给自己一次整理思路并发现该领域中新的研究成果的机会。

在涉猎大量关于人格的作品时，我从很多学者的著作中受益颇多，其中有一些我想要列举出来。在人格特质方面，有保罗·考斯塔（Paul Costa）、刘易斯·戈尔德贝格（Lewis Goldberg）、罗伯特·麦克雷（Robert McCrae）以及瓦特·米伽尔（Walter Mischel）。在有问题的人格类型方面，有艾伦·贝克（Aaron T. Beck）、西奥多·米隆（Theodore Millon）、约翰·利夫斯利（John Livesley）、约翰·奥德汉姆（John Oldham）以及托马斯·维基格（Thomas Widiger）。在人格基因学方面，有大卫·高德曼（David Goldman）、肯·肯德勒（Ken Kendler）、罗伯特·普罗明（Robert Plomin）以及丹尼

致 谢
Acknowledgments

尔·温伯格（Daniel Weinberger）。在人格的稳定性和变化性方面，有罗伯特·克洛宁格（Robert Cloninger）、理查德·施韦德尔（Richard Shweder）以及弗朗斯·德·瓦尔（Frans de Waal）。在同一性和生活故事方面，有丹·麦克亚当斯（Dan McAdams）。谢谢你们！

这本书能完成也得益于加利福尼亚大学一直以来的支持，在40多年的时间里，加大为我提供了优越的知识环境——首先是在圣地亚哥校区（UCSD），自1986年之后，是在圣弗朗西斯校区（UCSF）。在此期间，我还得到美国国家健康研究院的研究基金和私人基金的资助，特别是McKnight基金会。我还要感谢简妮（Jeanne）和三福·罗伯森（Sandy Robertson）的友情支持，他们帮助我建立了加利福尼亚大学圣弗朗西斯校区的神经生物和心理治疗中心。感谢莎丽和加伦·斯塔格林夫妇（Shari and Garen Staglin），他们通过Staglin音乐节赞助了心理健康和国际心理健康研究组织（IMHRO），使中心得到进一步发展。

在写作本书过程中，我与诸位同事进行讨论，获得了有价值的建议。他们是：斯蒂夫·汉密尔顿（Steve Hamilton）、艾德里安·拉金（Adrienne Larkin）、约翰·利夫斯利（John Livesley）、丽兹·珀尔（Liz Perle）和斯蒂夫卢森（Steve Rosen）。我还要感谢来自

致 谢
Acknowledgments

其他同事的个别帮助，他们是彼得·卡洛儿（Peter Carroll）、格伦（Glenn Chertow）、凯里（Kerry Cho）、阿尔卡迪·但德尔曼（Arkady Dendelman）、詹姆士·奥斯特洛夫（James Ostroff）以及丽莎·维尔（Lisa Vail）。我也要感谢乔迪·威廉姆斯（Jody Williams）协助整理了参考书目。

我要特别感谢我的助理丽莎·奎因（Lisa Queen），她坚持不懈、富有智慧、办事周到、幽默风趣，并且指导我处理图书出版事宜。感谢本书的策划编辑盖尔·詹森（Kirk Jensen），20年前，是他劝说我写一本大众读物，当时他受托于科学美国人图书馆（Scientific American Library），邀我写了《分子和心理疾病》一书。盖尔一直告诉我，我还可以写些其他的书，我非常感谢在他的帮助下，本书得以出版。我还要感谢Pearson/FT出版社的精英们，特别是项目编辑罗莉·里昂（Lori Lyons）、文字编辑克里斯塔·汉兴（Krista Hansing）、封面设计Chuti Prasertsith以及资深技术编辑格洛丽亚（Gloria Schurick）。

最后，我要感谢我的家人，他们一直在启发我很多有关人格的思考。我很幸运自己有两个女儿——伊丽莎白和杰西卡，她们彼此之间非常亲密，与我也无甚代沟。我很幸运有孙辈约拿、艾

致 谢
Acknowledgments

伦、亚设以及我的女婿本杰明、我的继子惠特尼（Whitney）。特别幸运地是，有我的妻子兼心灵伴侣劳安·布里曾丹（Louann Brizendine），她协助我写作，读懂我的想法，使我一直备受鼓舞，心情愉悦。我的福杯满溢！

关于作者

塞缪尔·巴伦德斯（Samuel Barondes）是 the Jeanne and Sanford Robertson 基金会教授，圣弗朗西斯科加利福尼亚大学医学院神经生物和心理治疗中心主任。他先后在哥伦比亚大学、哈佛大学以及美国国家健康研究院，接受过心理治疗和神经科学方面的专业训练，自 1970 年以来一直在加利福尼亚大学任职。他写过 200 余篇研究论文，并担任过多个行政性和顾问性职务。他曾担任圣弗朗西斯科加利福尼亚大学心理治疗研究学院（UCSF Langley Porter）主任，McKnight Endowment 基金会神经科学分会主席，以及美国国家心理健康研究院科学顾问委员会主席。他获得过多项荣誉，包括美国国家科学院医学研究院院士、美国艺术和科学研究院院士。除了研究性著作之外，巴伦德斯还为大众写了三部有关心理治疗方面的读物：《分子和心理疾病》、《情绪基因》、《胜过百忧解》。他和妻子劳安·布里曾丹（Louann Brizendine）现住在加利福尼亚的索萨利托。

参考文献

Beck, A. T., A. C. Butler, G. K. Brown, K. K. Dahlsgaard, C. F. Newman, and J. S. Beck. "Dysfunctional Beliefs Discriminate Personality Disorders." *Behaviour Research and Therapy 39* (2001): 1,213-1,225.

Beck, A. T., A. Freeman, D. D. David, and associates. *Cognitive Therapy of Personality Disorders.* New York: Guilford Press, 2004.

Cloninger, C. R. *Feeling Good: The Science of well-Being.* New York: Oxford University Press, 2004.

Cloninger, C. R., D. M. Svrakic, and T. R. Przybeck. "A Psychobiological Model of Temperament and Character." *Archives of General Psychiatry 50* (1993): 975-990.

Costa, P. T. Jr., and R. R. McCrac. *NEO-PI-R: Professional Manual.* Odessa Fla.: Psychological Assessment Resources, 1992.

Costa, P. T. Jr., and R. R. McCrae. "Age Changes in Personality and Their Origins: Comment on Roberts, Walton, and Viechtbauer." *Psychological Bulletin 132* (2006): 26-28.

Costa, P. T. Jr., A. Terracciano, and R. R. McCrae. "Gender Differences in Personality Traits Across Cultures: Robust and Surprising Findings." *Journal of Personality and Social Psychology 81* (2001): 322-331.

Costa, P. T. Jr., and T. A. Widiger, eds. *Personality Disorders and the Fire-Factor*

参考文献
References

Model of Personality, 2d ed. Washington, D. C.: American Psychological Association, 2002.

Goldberg, L. R. "An Alternative 'Description of Personality': The Big-Five Factor Structure." *Journal of Personality and SocialPsychology 59* (1990): 1, 216-1, 229.

Goldberg, L. R. "The Development of Markers for the Big Five Factor Structure." *Psychological Assessment 4* (1992): 26-42.

Goldberg, L. R. "The Structure of Phenotypic Personality Traits." *American Psychologist 48* (1993): 26-34.

Goldbcrg, L. R., J. A. Johnson, H. W. Eber, R. Hogan, M. C. Ashton, C. R. Cloninger, and H. G. Gough. "The International Personality Item Pool and the Future of Public Domain Personality Measures." *Journal of Research in Personality 40* (2006): 84-96.

Goldman Family. *If I Did It: Confessions of the Killer.* New York: Beaufort Books, 2007.

Kendler, K. S., C. O. Gardner, P. Annas, M. C. Neale, L. J. Eaves, and P. Lichtenstein. "A Longitudinal Twin Study of Fears from Middle Childhood to Early Adulthood: Evidence for a Developmentally Dynamic Genome." *Archives of General Psychiatry 65* (2008): 421-429.

Kendler, K. S., K. Jacobson, C. O. Gardner, N. Gillespie, S. A. Aggen, and C. A. Prescott. "Creating a Social World: A Developmental Twin Study of Peer-Group Deviance." *Archives of General Psychiatry 64* (2007): 958-963.

Kendler, K. S., K. Jacobson, J. M. Myers, and L. J. Eaves. "A Geneically Informative Study of the Relationship Between Conduct Disorder and Peer Deviance in Males." *Psychological Medicine 38* (2008): 1,001-1,011.

参考文献
References

Livesley, W. J. "Commentary on Reconceptualizing Personality Categories Using Trait Dimensions." *Journal of Personality 69* (2001): 277-286.

Livesley, W. J. "A Framework for Integrating Dimensional and Categorical Classifications of Personality Disorder." *Journal of Personality Disorders 21* (2007): 199-224.

Livesley, W. J., and K. L. Jang. "The Behavioral Genetics of Personality Disorder." *Annual Review of Clinical Psychology 4* (2008): 247-274.

Livesley, W. J., K. L. Jang, and P. A. Vernon. "Phenotypic and Genetic Structure of Traits Delineating Personality Disorder." *Archives of General Psychiatry 55* (1998): 941-958.

Livesley, W. J., K. L. Jang, D. N. Jackson, and P. A. Vernon. "Genetic and Environmental Contributions to Dimensions of Personality Disorder." *American Journal of Psychiatry 150* (1993): 1826-1831.

McAdams, D. P. *The Stories We Live By: Personal Myths and the Making of the Self.* New York: Guilford Press, 1993.

McAdams, D. P., and B. D. Olson. "Personality Development: Continuity and Change over the Life Course." *Annual Review of Psychology 61* (2009): 517-542.

McAdams, D. P., and J. L. Pals. "A New Big Five: Fundamental Principles for an Integrative Science of Personality." *American Psychologist 61* (2006): 204-217.

McCrae, R. R., and P. T. Costa Jr. "Reinterpreting the Myers-Briggs Type Indicator from the Perspective of the Five-Factor Model of Personality." *Journal of Personality 57* (1989): 17-40.

McCrae, R. R., and P. T. Costa Jr. "The Stability of Personality: Observations and Evaluations." *Current Directions in Psychological Science 3* (1994): 173-

参考文献
References

175.

McCrae, R. R., and P. T. Costa Jr. "Personality Trait Structure As a Human Universal." *American Psychologist 52* (1997): 509-516.

McCrae, R. R., and P. T. Costa Jr. *Personality in Adulthood: A Five-Factor Theory Perspective.* New York: Guilford Press, 2003.

Millon, T. *Personality Disorders in Modern Life*, 2d ed. New York: John Wiley and Sons, 2004.

Millon, T., E. Simonsen, and M. Birket-Smith. "Historical Conceptions of Psychopathy in the United States and Europe." In *Psychopathy: Antisocial, Criminal and Violent Behavior.* Edited by T. Millon et al. New York: Guilford Press, 2002.

Mischel, W. "Toward an Integrative Science of the Person." *Annual Review of Psychology 55* (2004): 1-22.

Mischel, W., and Y. Shoda. "Reconciling Processing Dynamics and Personality Dispositions." *Annual Review of Psychology 49* (1998): 229-258.

Mischel, W., Y. Shoda, and P. K. Peake. "The Nature of Adolescent Competencies Predicted by Preschool Delay of Gratification." *Journal of Personality and Social Psychology 54* (1988): 687-696.

Oldham, J. M., and L. B. Morris. *New Personality Self-Portrait: Why You Think, Work, Love, and Act the Way You Do.* New York: Bantam Books, 1995.

Plomin R., K. Asbury, and J. Dunn. "Why Are Children in the Same Family So Different? Nonshared Environment a Decade Later." *Canadian Journal of Psychiatry 46* (2001): 225-233.

Plomin R., and D. Daniels. "Why Are Children in the Same Family So Different from Each Other?" *Behavioral and Brain Sciences 10* (1987): 1-16.

Plomin, R., J. C. DeFries, G. E. McClearn, and P. McGuffin. *Behavioral Genetics*, 5th ed. New York: Worth Publishers, 2008.

Plomin, R. D., W. Fulker, R. Corley, and J. C. DeFries. "Nature, Nurture and Cognitive Development from 1 to 16 Years: A Parent-Offspring Adoption Study." *Psychological Science 8* (1997): 442-447.

Shweder, R. A. "Are Moral Intuitions Self-Evident Truths?" *Criminal Justice Ethics 13* (1994): 24-31.

Shweder, R. A., N. C. Much, M. Mahapatra, and L. Park. "The 'Big Three' of Morality (Autonomy, Community, and Divinity) and the 'Big Three' Explanations of Suffering As Well." In *Morality and Health*. Edited by A. M. Brandt and P. Rozin. New York: Routledge, 1997.

Widiger, T. A., and S. N. Mullins-Sweatt. "Five-Factor Model of Personality Disorder: A Proposal for DSM-V." *Annual Review of Clinical Psychology 5* (2009): 197-220.

Widiger, T. A., and D. B. Samuel. "Diagnostic Categories or Dimensions? A Question for the Diagnostic and Statistical Manual of Mental Disorders—Fifth Edition." *Journal of Abnormal Psychology 114* (2005): 494-504.

Widiger, T. A., and T. J. Trull. "Plate Tectonics in the Classification of Personality Disorder: Shifting to a Dimensional Model." *American Psychologist 62* (2007): 71-83.

更多参考文献请登录 http://vdisk.weibo.com/u/1964755863 网站上下载。

新曲线心理学中译本系列

心理学与生活（第16版），津巴多、格里格 著，王垒 等译
教育心理学（第7版），罗伯特·斯莱文 著，姚梅林 等译
社会心理学（第8版），戴维·迈尔斯 著，侯玉波、乐国安、张智勇 等译
组织行为学（第11版），弗雷德·鲁森斯 著，王垒 等译
人力资源管理（第7版），劳埃德·拜厄斯、莱斯利·鲁 著，李业昆 等译
人力资源管理（第10版），韦恩·蒙迪 著，谢晓非 等译
异常与临床心理学，保罗·贝内特 著，陈传锋、严建雯、金一波 等译
理解孩子的成长（第4版），彼得·史密斯 等著，寇彧 等译
心理学（第7版），戴维·迈尔斯 著，黄希庭 等译
健康心理学（第3版），简·奥格登 著，严建雯、陈传锋、金一波 等译
自我，乔纳森·布朗 著，陈浩莺、薛贵、曾盼盼 译
决策与判断，斯科特·普劳斯 著，施俊琦、王星 译
亲密关系（第3版），莎伦·布雷姆 等著，郭辉、肖斌、刘煜 译
态度改变与社会影响，津巴多、利佩 著，邓羽、肖莉、唐小艳 译
影响力心理学，菲利普·津巴多、迈克尔·利佩 著，邓羽、肖莉 等译
管理决策中的判断（第6版），马克斯·巴泽曼 著，杜伟宇、李同吉 译
阅读障碍与阅读困难，达斯 著，张厚粲、徐建平、孟祥芝 译
APA出版手册（简明版），美国心理学会 编著，周晓林 等译
心理学与我们（第7版），罗伯特·费尔德曼、黄希庭 著，黄希庭 等译
心理学实验的设计与报告（第2版），彼得·哈里斯 著，吴艳红 译
心理学研究方法（第7版），肖内西 著，张明、吴艳红、郭秀艳 等译
危机中的青少年（第3版），麦克沃特 等著，寇彧 等译
心理学精要（第5版），戴维·迈尔斯 著，黄希庭 等译
跨文化社会心理学，史密斯 等著，严文华 等译
心理统计导论（第9版），理查德·鲁尼恩 等著，林丰勋 译

改变心理学的40项研究（第5版），罗杰·霍克著，白学军译
像心理学家一样思考（第2版），唐纳德·麦克伯尼著，王伟平译
亲密关系（第5版），罗兰·米勒等著，王伟平译
心理学史（第4版），戴维·霍瑟萨尔著，郭本禹等译
人格心理学（第2版），兰迪·拉森、戴维·巴斯著，郭永玉等译
生物心理学（第10版），詹姆斯·卡拉特著，苏彦捷等译，彩印精装
孩子的世界：0~3岁（第11版），黛安娜·帕帕拉等著，陈福美等译
心理科学之门，阿曼达·阿尔本著，徐展译
对"伪心理学"说不（第8版），基思·斯坦诺维奇著，窦东徽等译
50位最伟大的心理学思想家，诺埃尔·希伊著，郭本禹、方红译
认知心理学及其启示（第7版），约翰·安德森著，秦裕林等译
我们都是自己的陌生人，戴维·迈尔斯著，沈德灿译
社会性与人格发展（第5版），戴维·谢弗著，陈会昌等译
潜意识与人格，兰迪·拉森、戴维·巴斯著，郭永玉、孙灯勇译
自我与人格，兰迪·拉森、戴维·巴斯著，郭永玉、杨子云译
人格障碍与调适，兰迪·拉森、戴维·巴斯著，郭永玉、刘娅译
基因与人格，兰迪·拉森、戴维·巴斯著，郭永玉、贺金波译
文化与人格，兰迪·拉森、戴维·巴斯著，郭永玉、马一波译
魅力何来：人际吸引的秘密，戴维·迈尔斯著，寇彧译
看不见的影响力，戴维·迈尔斯著，乐国安、侯玉波、郑全全等译
他人即地狱？，戴维·迈尔斯著，张智勇、金盛华、侯玉波等译
梦、性与饥渴：生物心理学的解读，詹姆斯·卡拉特著，苏彦捷等译
人格特质，兰迪·拉森、戴维·巴斯著，郭永玉、陈继文译
魅力何来：人际吸引的秘密，戴维·迈尔斯著，寇彧译
看不见的影响力，戴维·迈尔斯著，乐国安、侯玉波、郑全全等译
他人即地狱？，戴维·迈尔斯著，张智勇、金盛华、侯玉波等译

梦、性与饥渴：生物心理学的解读，詹姆斯·卡拉特 著，苏彦捷等译
孩子的世界（第11版），黛安娜·帕帕拉 等著，郝嘉佳 等译
心理学质性研究导论（第2版），卡拉·威利格 著，郭本禹等译
人格解码，塞缪尔·巴伦德斯 著，陶红梅 译，许燕 校
尼采和他的超人哲学，田丁 著

新曲线心理学教材英文影印版系列

（教育部高等学校心理学教学指导委员会推荐用书）

Psychology and Life（18th），Richard J. Gerrig et al.
　心理学与生活（第18版），理查德·格里格、菲利普·津巴多 著
Essentials of Understanding Psychology（6th），Robert S. Feldman
　普通心理学（第6版），罗伯特·费尔德曼 著，黄希庭教授推荐
Designing and Reporting Experiments in Psychology（2th），Peter Harris
　心理学实验的设计与报告，彼得·哈里斯 著，沈模卫教授推荐
Behavioral Statistics: The Core（9th），Runyon et al.
　心理统计（第9版），理查德·鲁尼恩 等著，张厚粲教授推荐
Research Methods in Psychology（6th），John J. Shaughnessy et al.
　心理学研究方法（第6版），约翰·肖内西 等著，周晓林教授推荐
Social psychology（9th），David G. Myers
　社会心理学（第9版），戴维·迈尔斯 著，彭凯平教授推荐
Human Development（9th），Diane E. Papalia et al.
　发展心理学（第9版），黛安娜·帕帕拉 等著，林崇德教授推荐
Abnormal Psychology: Current perspectives（9th），Lauren B. Alloy et al.
　变态心理学（第9版），劳伦·阿洛伊 等著，王登峰教授推荐
Psychological Testing and Assessment（6th），Ronald Jay Cohen
　心理测验与评估（第6版），罗纳德·科恩 等著，彭凯平教授推荐
Fundamentals of Cognitive Psychology（7th），R. Reed Hunt et al.
　认知心理学基础（双语版），里德·亨特 等著，傅小兰教授推荐
Exercises in Psychological Testing and Assessment，Ronald Jay Cohen
　心理测验与评估学习指南，罗纳德·科恩 著
Study Guide and Solutions Manual，DAvid J. Pittenger

心理统计学习指南（双语版），戴维·皮滕杰 著，林丰勋教授译注
Abnormal and Clinical Psychology, Paul Bennett
异常与临床心理学，保罗·贝内特 著，陈传锋教授推荐
Personality Psychology (2th), Randy J. Larsen & David M. Buss
人格心理学（第2版），兰迪·拉森 等著，郭永玉教授推荐
Biological Psychology (9th), James W. Kalat
生物心理学（第9版），詹姆斯·卡拉特 著，苏彦捷教授推荐
Psychology Testing: History, Principles and Applications (5th), Robert J. Gregory
心理测验：历史、原理及应用，罗伯特·格雷戈里 著，闫巩固教授推荐
Social Research Methods (6th), W. Lawrence Neumann
社会研究方法（第6版），威廉·纽曼 著，辛涛教授推荐
Becoming Qualitative Researchers: An Introduction (3rd), Corrine Glesne
如何成为质性研究专家（第3版），科琳·格莱斯 著，刘力教授推荐
Forty Studies that Changed Psychology (5th), Roger R.Hock
改变心理学的40项研究（第5版），罗杰·霍克 著，白学军教授推荐
How to Think Straight about Psychology (8th), Keith E. Stanovich
这才是心理学（第8版），基思·斯坦诺维奇 著，杨中芳教授推荐
Organizational Behavior Today, Leigh L. Thompson
当代组织行为学，莉·汤普森 著，谢晓非教授推荐
Educational Psychology: Theory and Practice (7th), Robert E. Slavin
教育心理学（第7版，双语版），罗伯特·斯莱文 著，姚梅林 等译注
Essentials of Behavioral Research (3rd), Robert Rosenthal et al.
行为研究纲要：方法与数据分析（第3版，英文注释版），
  罗伯特·罗森塔尔、拉尔夫·罗斯诺 著

新曲线豆瓣小站：http://site.douban.com/110283/
新曲线新浪微博：http://weibo.com/nccpub

图书在版编目（CIP）数据

人格解码/（美）巴伦德斯（Barondes, S.）著；陶红梅译；许燕 校．
—北京：商务印书馆，2013
ISBN 978-7-100-09696-6

Ⅰ.①人… Ⅱ.①巴… ②陶… ③许… Ⅲ.①人格心理学—研究 Ⅳ.① B848

中国版本图书馆 CIP 数据核字（2012）第 314200 号

版权所有。未经出版人事先书面许可，对本出版物的任何部分不得以任何方式或途径复制或传播，包括但不限于复印、录制、录音，或通过任何数据库、信息或可检索的系统。

本授权中文简体字翻译版由培生教育出版公司和商务印书馆合作出版。此版本经授权仅限在中华人民共和国境内（不包括香港特别行政区、澳门特别行政区和台湾地区）销售。

本书封底贴有培生公司防伪标签，无标签者不得销售。

所有权利保留。
未经许可，不得以任何方式使用。

人格解码

〔美〕塞缪尔·巴伦德斯 著
陶红梅 译
许 燕 校

商 务 印 书 馆 出 版
（北京王府井大街36号 邮政编码100710）
商 务 印 书 馆 发 行
北京彩虹伟业印刷有限公司印刷
ISBN 978-7-100-09696-6

2013年2月第1版	开本 880×1230 1/32
2013年2月第1次印刷	印张 7.25

定价：35.00 元